中国城市科学研究系列报告

疫情下的中国城市 水环境与水生态
——冲击与应对

China's Urban Water Environment &
Ecology in the Time of Epidemic:
Impacts and Responses

中国城市科学研究会水环境与水生态分会　主编

中国建筑工业出版社

图书在版编目（CIP）数据

疫情下的中国城市水环境与水生态：冲击与应对 =
China's Urban Water Environment & Ecology in
the Time of Epidemic: Impacts and Responses / 中国
城市科学研究会水环境与水生态分会主编 . —北京：中
国建筑工业出版社，2021.9
（中国城市科学研究系列报告）
ISBN 978-7-112-26494-0

Ⅰ.① 疫…　Ⅱ.① 中…　Ⅲ.① 城市环境—水环境—生
态环境建设—研究—中国　Ⅳ.① X321.2

中国版本图书馆 CIP 数据核字（2021）第 172542 号

责任编辑：宋　凯　张智芊
责任校对：张惠雯

中国城市科学研究系列报告
疫情下的中国城市水环境与水生态——冲击与应对
China's Urban Water Environment & Ecology in the Time of Epidemic: Impacts and Responses
中国城市科学研究会水环境与水生态分会　主编

*

中国建筑工业出版社出版、发行（北京海淀三里河路 9 号）
各地新华书店、建筑书店经销
逸品书装设计制版
北京市密东印刷有限公司印刷

*

开本：787 毫米 ×1092 毫米　1/16　印张：13　字数：162 千字
2021 年 9 月第一版　　2021 年 9 月第一次印刷
定价：**60.00** 元
ISBN 978-7-112-26494-0
（38044）

编写委员会

主　任：曲久辉（中国工程院院士、中国城市科学研究会
　　　　　副理事长、中国城市科学研究会水环境与
　　　　　水生态分会会长）

委　员：（按姓氏笔画为序）

王　涛　　王征戍　　王洪臣　　王爱杰　　刘　刚　　刘书明

许国栋　　李　力　　李　激　　李怀正　　余　刚　　张徐祥

陈卫国　　罗胜联　　侯　锋　　席北斗　　黄　霞　　谢琤琤

霍培书

统　稿：王爱杰　　张徐祥　　刘　刚

执　笔：（按章节顺序）

余　刚　　张徐祥　　楚文海　　刘书明　　李　激　　王洪臣

武俊良　　黄　霞　　黄文海　　李　力　　赵　利　　陈湘静

高　嵩　　王爱杰　　刘　刚

序

从城市水系统建立以来，推动其不断变革的，始终是人类社会发展对于安全的诉求。自18世纪以来，公共卫生、资源、环境、生态等城市安全危机，轮番冲击着同时也在推动着城市水系统的功能发展。其中，人类在与流行病、传染病等重大公共卫生事件的反复"搏斗"中，促成了近现代城市公共卫生管理和相关基础设施研究和建设。自18世纪起，世界范围内城市供排水系统的普遍建立，有效遏制了水媒疾病，为人类带来了巨大的健康福祉。目前，城市污水收集与处理系统基础设施已经成为重大疫情应对中病毒防疫和传播控制的重要关口和屏障。

从我们国家的实践来看，21世纪以来先后经历的"非典"和新冠肺炎疫情，锤炼了我国医疗废弃物废水处理体系、激发了城市供排水系统高速、高质量的建设和发展，也为环境科研、产业发展不断提出新命题和发展方向。

在此次应对新冠肺炎疫情过程中，我国城市供排水系统在监管、处理、科研、产业等环节，基础扎实、反应迅速、相互支撑，守住了疫情防控前沿阵地，全国5000多座城镇污水处理厂正常运行，全国及疫情防控重点地区供水安全与水环境质量整体保持稳定。与此同时，行业自上而下已开始对环境保护应对疫情相关工作中的薄弱环节、关键性问题，展开持续探索。如研究掌握致病性病毒在城市水系统中的存活与迁移规律，提升污水收集和处理系统对致病性病毒传播的应对能力；建立完善城市水系统中病毒暴露的风险评估与控制体系，严守疫情科学防控重要环节；完善水环境监测、饮用水安全保障、医疗与生活污水处理等领域规范化、体系化、数字化建设；开展水环境、水生态安全视野下对致病性病毒的认知、识别、溯源、阻控等方面的研究。

新冠肺炎疫情自2019年12月以来在全球持续传播，整体防控形势至今仍处于胶着状态，人类与传染病斗争的长期性、艰巨性和复杂性进一步凸显。全社会对城市环境基础设施、应急体系建设在疫情应对中的重要作用也有了进一步的认识。个人以为，气候变化的全球背景下，在城市尺度上实现资源高效利用、环境质量改善、生态风险防控、公共卫生健康管理等工作的协调、协同，将很可能成为推动下一轮城市水系统变革的重要动力，可促成上述相关各领域、各环节的密切合作。

当前，我国在应对新冠肺炎疫情上取得了阶段性成果，已经进入常态化防控阶段。在这一时间节点，有必要围绕城市水系统应对疫情进行一次较为全面、系统的回顾，既关注本国实践，也有全球视野，对整体的治理和科研行动进行梳理；既要总结经验，更要对行业未来展开系统研判，明确我们自身的方向、目标和路径。中国城市科学研究会水环境与水生态分会2020年度报告，以《疫情下的中国城市水环境与水生态——冲击与应对》为题，即是对这一命题卓有成效的探索和尝试。希望全行业能以此为开端，持续展开针对性的思考、研究和实践，在城市水系统绿色、可持续、高质量发展的变革中，能够率先走出"中国道路"。

任南琪

2021年7月4日

前　言

　　新冠肺炎疫情发生后，对水环境和水生态问题的审视与思考变得愈加复杂和具有挑战性：病毒的产生、存活、传播和变化与水环境、水生态有何关系？抗疫过程中使用的大量化学品和医药品会对水环境、水生态产生何种影响？如何防范和控制此类重大疫情及应对措施可能带来的水环境、水生态风险？对此，中国城市科学研究会水环境与水生态分会的同仁们一直努力通过可获得的信息和事实寻求答案，并讨论决定以此编写本分会2020年的年度报告《疫情下的中国城市水环境与水生态——冲击与应对》，希望从客观、科学、独立的视角系统评估和总结疫情对我国城市水环境与水生态的影响，使社会、行业和民众理解并共同关注公共卫生安全与水环境水生态保护的关系以及调控这种关系的极端重要性，为应对未来挑战提供经验和借鉴。毫无疑问，这一计划及任务同样具有复杂性和挑战性。

　　虽然天然水体及污水中含有的大量化学物质和病原微生物有很多是未检测到和尚未被认知的，但我们对疫情下中国水环境与水生态状况及其变化研究所获得的结论却是明确的：2020年中国水环境与水生态质量总体向好，并未发现疫情及控制过程导致水体的物理、化学和生物完整性降低。本报告通过以事实和数据为依据的局部、整体和系统分析，从水环境、供水、排水、环保产业、科技行动与作用等多维视角，总结疫情对我国城市水环

7

境与水生态的冲击，以及各方采取的应对措施和效果，总体认为：疫情期间全国和重点疫区城市水质、水环境整体良好；消毒与治疗药剂进入水环境未造成可观测的生态与健康危害，潜在风险需进一步评估；饮用水供给安全稳定；医疗废水处理处置妥当且出水安全达标；生活污水收集、处理以及运维管理应对措施有力并得到进一步完善；环保产业迅速从疫情冲击中恢复；应对疫情所采取的科技行动为疫情下可能产生的一次环境风险阻断及次生环境风险防控提供了科技支撑。报告充分显示，过去四十多年来我国建设并不断完善的水处理、水污染防治和水环境保护修复的工程系统和基础设施，在应对此次疫情的生态环境冲击、保障水环境水生态安全中发挥了巨大作用，也更加明确了我们打赢碧水保卫战、防控未来重大疫情生态环境风险的努力方向。

疫情仍在发生，病毒还在变异，溯源仍需时日，疫情及应对措施的生态环境影响尚待认知，对水环境中大量病原微生物的生态与健康效应知之甚少，本报告目前还无法阐述这些充满现实疑惑而又要无尽追寻的问题。但实现人和自然的和谐共生，生产、生活和生态协同的高质量发展，将是我们的永恒追求，本报告仅为序章。

2021 年 7 月 4 日

目　录

第1章 绪 论

2019年12月以来的新型冠状病毒肺炎疫情在全球肆虐和传播，给人类生产和生活带来了深远影响。山水林田湖草关乎人类健康生存，疫情让政府和公众看到了供水、排水与垃圾处理等环境基础设施在应对公共卫生事件中的重要性，凸显了环境质量改善、生态风险防控与公共卫生安全兼顾协同的迫切性。

新冠病毒感染者可通过排泄的形式将病毒排出体外，从而经污水管网进入城市水环境。有研究表明，城市污水中新冠病毒的浓度与城市感染人群规模具有较高的相关性，也可通过检测污水中病毒来筛查居民区内新冠病毒感染者。城市水环境中新冠病毒可通过粪口传播途径感染健康人群，从而诱发潜在的健康风险。消毒和治疗药剂在抗击疫情中发挥了重要作用，但局部地区在特定时段过度使用的消毒和治疗药剂可通过多种途径进入水环境，影响生态环境安全，并可能引发次生风险。

在此次疫情防控中，依靠"非典"疫情以来我国建立起的医疗废弃物及废水处理体系、城市供水饮水系统，总体上顶住了压力、完成了任务。为面对此次疫情快速变化的形式和需求，水环境与水生态行业凝聚水环境与水生态长效保护共识，积极开展了新冠病毒在环境介质中的监测、风险评估和阻控研究，支撑了污水安全收集、处理、达标排放及风险防控，助推了水环境监测、饮用水安全保障、医疗与生活污水处理、水生态保护等领域的规范化、体系化建设和产业数字化转型。但也暴露出部分短板和不足，主要问题是环境应急信息不通畅、相关物资保障不足、产业界响应缺乏有效调度等[1]。这对水环境与水生态行业应对重大疫情等突发性事件的基础设施的系统建设和科学支撑能力提出了新要求、新挑战和新方向。

1.1 水环境中病毒传播途径与暴露风险

1.1.1 水环境中病毒的传播途径

新型冠状病毒SARS-CoV-2是一种呼吸道病毒，主要通过呼吸道飞沫传播和接触传播，也会随感染者粪便/尿液排出，因此，污水与处理系统是疫情防控的重要环节之一。SARS-CoV-2是冠状病毒科（Coronaviridae）冠状病毒属（Coronavirus）的一类包膜病毒，具有单股正链RNA。研究表明，在个体感染后的3天内，SARS-CoV-2可被人体排出，并且在鼻咽拭子呈阴性后，患者粪便病毒排泄时间仍可持续1～33天，浓度可高达$8 \times 10^6 \sim 7.5 \times 10^7$copies/g[2]。2020年2月，我国钟南山院士和李兰娟院士团队从COVID-19患者粪便中分离出SARS-CoV-2病毒株[3]。此后，国内外很多团队也多次在病毒感染者粪便/尿液中检出SARS-CoV-2遗传物质RNA[4]。在法国巴黎的污水处理厂进水中，检出$5 \times 10^4 \sim 3 \times 10^6$copies/L的SARS-CoV-2 RNA，且污水中病毒浓度在时间上的变化与当地COVID-19病例数的变化保持相同趋势[5]。

新冠疫情期间，定点医院、方舱医院等是环境中病毒的重要来源，医院废水的有效处理是防控新冠病毒介水传播的关键。

医院污水大多来自诊疗室、化验室、病房、洗衣房和X光成像区[6]，含有大量病原性微生物、寄生虫卵、病毒、重金属、消毒剂、有机溶剂、酸、碱和放射性物质等[7]，其中医院污水中病原性微生物具有潜在传染性强、安全隐患高等特点。2020年4月，清华大学环境学院和湖北省环境科学研究院联合研究团队分别对金银潭医院和火神山应急医院污水处理设施进行了采样监测。监测结果显示，在火神山应急医院化粪池和金银潭医院调节池中检出新冠病毒核酸阳性。2020年2月1日，生态环境部发布《关于做好新型冠状病毒感染的肺炎疫情医疗污水和城镇污水监管工作的通知》（环办水体函〔2020〕52号），明确要求加强医疗污水的深度处理和城镇污水监测，寻找处理医疗污水的有效物理、化学和生物方法，以防止SARS-CoV-2通过污水传播扩散。在此背景下，各地相继出台相关标准用于指导污水中病毒的控制，江苏省于2020年3月发布了两项地方标准《医疗污水病毒检测样品制备通用技术规范》DB 32/T 3764—2020[8]和《应对传染病疫情医疗污水应急处理技术规范》DB 32/T 3765—2020[9]，分别用于指导疫情期间全省医疗机构开展医院废水的病毒监测和应急处理。

常规污水处理厂对环境中病毒具有一定的去除效果，但未经处理或处理不充分的含有SARS-CoV-2等病毒的污水排入受纳水体中，仍可能诱发病毒传播风险（图1-1）。例如，在厄瓜多尔的基多地区，城市径流中SARS-CoV-2载量一度高达3.19×10^6copies/L，这增加了公众对于其粪-口传播的担忧。目前，全球均未发现饮用水中存在SARS-CoV-2，但供水管网和二次供水是水质安全的薄弱环节，面临余氯衰减、微生物再生长等挑战。而疫情期间，由于停工停产停学，使大量建筑空置，饮用水在建筑内管道的停留时间可长达数月之久，会造成严重的病原微生物滋生，增加了病毒传播的潜在风险。2020年1月30日，生态环境部组织制定《应对新型冠状病毒感染肺炎疫情应急监测方案》，要求：一是做好空气、地表水环境质量监测，确保环境质量安全；二是加强饮用水水源地水质预警监测，切实保障人民群众饮水安全。

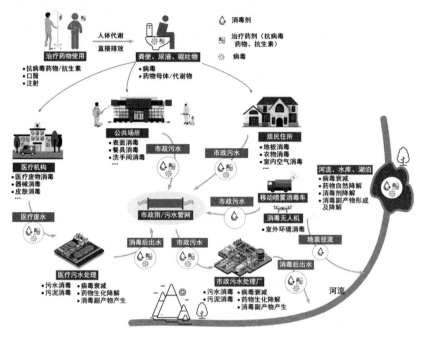

图1-1　疫情防控期间含水环境中病毒传播途径及消毒与治疗药剂的归趋

1.1.2　水环境中病毒的暴露风险

水环境中病毒暴露途径众多，科学地实施病毒暴露风险评估与控制是保障人群健康的基本要求。城市排水收集系统存在一定的开放性和复杂性，以及设施工艺本身的局限性，可能导致系统运行过程存在病毒传播的隐患，其中厕所冲水、污水管道井跌水、管网污水溢流、泵站提升、确诊患者或疑似病例的粪便排泄物输送等过程产生气溶胶，以及从业人员直接接触含有病毒的管网污水、固体废弃物或景观用水，均可能提高病毒暴露风险；

污水处理设施（曝气池等）产生的气溶胶也会提高环保从业人员的暴露风险。污水排放到自然水体后或资源化利用过程中，病毒也可通过呼吸或接触等暴露途径诱发健康风险。人体可通过接触受污染的自然水体、污灌后的作物、蔬菜或绿植而诱发健康风险；道路喷洒、洗车是市政污水再生回用的重要方式；气溶胶吸入和皮肤接触是病毒暴露的重要途径。因此，城市水系统中病毒暴露风险评估与控制是疫情科学防控的重要环节（图1-2）。

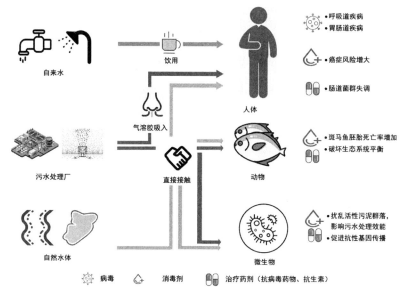

图1-2　致病病毒、消毒剂与治疗药物的暴露途径及风险

水环境中病毒种类繁杂，感染性与传播性差异显著。目前已发现的介水传播病毒有700余种，其中大约有140余种可以通过粪便进入水体，包括SARS病毒、甲型肝炎病毒、脊髓灰质炎病毒、诺如病毒、轮状病毒、腺病毒和流感病毒等。非包膜的肠道病毒，例如人诺如病毒和甲型肝炎病毒，很容易通过粪-口途径传播。由于这些病毒能够在环境表面、食物和水中生存，因此通常会延长爆发时间。不同肠道病毒的衰减速率从小到大依次为：诺沃克病毒（诺如病毒）＜人星形病毒＜腺病毒＜甲型肝炎

病毒＜轮状病毒。

水环境中SARS-CoV-2感染性与传播性受多种因素影响，不同场景下健康风险变化较大。与非包膜病毒相比，SARS-CoV-2等脂质包膜冠状病毒在环境中的稳定性较差，并且更容易受到表面活性剂、消毒剂和氧化剂的影响[4]。全世界多个国家和地区的污水中检测到SARS-CoV-2 RNA核酸，且具有持久性，但病毒感染性会在短时间内迅速衰减。25℃下，污水和自来水中SARS-CoV-2感染性降低90%分别需要1.5和1.7天，但其RNA在水中留存的持久性要远高于其感染性，25℃时其RNA减少90%需要12.6天和15.2天，且温度越低衰减越慢[10]。5℃时废水中SARS-CoV-2可持续活跃长达25天。当病毒颗粒以聚集状态存在于自然水体中时，可以提高其在不利环境因素下的存活概率，使病毒具有一定的逆境抗性从而延长其存活时间。

1.2 水环境中消毒剂与治疗药物的归趋及潜在风险

1.2.1 消毒剂的归趋及生态与健康风险

疫情期间不当或过度使用消毒剂，可能会影响水环境质量，威胁水生态安全。在全国各地抗击新冠肺炎疫情过程中，众多城市和乡村喷洒了大量的消毒剂，污水处理厂加大了消毒剂的投加量，家庭消毒剂的用量也急剧增加，这些大规模的高强度的消毒在控制疫情中发挥了重要作用。与此同时，疫情严重的地区在短时间内过度、高强度地使用消毒剂，使用的消毒剂一部分通过地表径流进入江河湖泊等地表水环境，也可能进入土壤和地下水，可影响生态环境安全；另一部分通过市政污水管网进入污水处理厂，可影响污水处理厂运行；此外，消毒产生的消毒副产物等"三致"物质，可产生次生风险问题[11]（图1-1）。

通过地表径流进入江河湖泊的次氯酸盐等消毒剂，会导致鱼类、无脊椎动物、藻类的死亡，会引起水生生物的群落结构和个体数量发生变化，破坏原有的生态平衡，进而影响水生生态系统[12]。含氯消毒剂进入水体后，残留的余氯对不同水生动物存在不同的毒性效应机制。余氯会通过氧化损伤致毒途径导致鱼鳃组织产生病变，阻止氧气的进入和交换，降低血液运输氧的能力，进而对鱼类产生毒性作用。余氯主要通过诱发蛋白质外泄而损伤浮游动物，而对底栖动物的致毒途径则受底栖动物种类影响。余氯会通过减少涡虫摄食和运动能力，导致其生殖能力受损，表现出明显的亚致死毒性[13]。

大量消毒剂进入污水处理厂后可能会影响工艺的稳定运行，饮用水过度消毒可产生大量的消毒副产物，诱发次生健康风险（图1-2）。消毒剂通过污水管网进入污水处理厂会影响水中的微生物稳定，产生的消毒副产物也会抑制微生物生长，消毒剂的大量使用还可能加剧污水处理厂进水的碳源不足问题，这些都将影响污水处理厂的稳定运行与出水水质[14]。流行病学研究表明，氯消毒出水中的消毒副产物会提高人类患膀胱癌、胃癌、结肠癌等癌症的风险[15]；饮用含有消毒副产物的水体还会导致孕妇中出现自然流产、低出生体重儿、死胎和早产的概率增加。消毒出水造成斑马鱼胚胎的死亡率增加、心率减缓、色素沉积减少、卵黄囊异常、孵出延缓、卷尾等发育毒性；发光细菌试验和umu试验显示，消毒出水具有较高的急性毒性和遗传毒性；消毒副产物损伤哺乳动物肝脏抗氧化防御系统，并增加氧化DNA损伤，干扰氨基酸代谢和碳水化合物代谢[16]。消毒剂产生的消毒副产物次生风险不容忽视。

1.2.2 治疗药剂的归趋及生态与健康风险

疫情期间COVID-19患者的一般治疗措施中，抗病毒药物（α-干扰素、洛匹那韦、利托那韦、利巴韦林、磷酸氯喹和阿比多尔）治疗是重要环节，而应对重症患者的感染问题，还需抗生素治疗作为辅助[17]，据钟南山院士团队研究报道，以1099名COVID-19患者为研究对象，57.5%患者实施了抗生素静脉注射治疗[18]。抗病毒药物和抗生素等治疗药物不能完全被人体吸收，可能会被部分代谢并作为活性代谢物随尿液和粪便排入污水处理系统。污水处理系统（特别是医院废水处理设施）是去除残余治疗药剂的重要措施。然而，其处理工艺是围绕蛋白质、碳水化合物、脂类等有机物去除而设计，对治疗药物等新兴污染物去除缺乏针对性，因而常规污水处理系统均不能完全降解污水中主要治疗药物，造成大量治疗药剂及其代谢物释放到环境水体中，对生态系统和人体健康造成潜在风险（图1-1）。

抗病毒药物主要对甲壳类动物、鱼类和藻类等生物具有毒性效应，也可诱发沉积物中微生物群落结构与功能的更替。同时，抗病毒药物具有高生物活性，进入污水处理系统后，可能扰动生物膜或刺激生物群落，从而影响污水处理的性能和效率（图1-2）。

抗生素进入水环境会影响藻类和蓝细菌等初级生产者光合作用和固氮作用，进而影响更高营养级的其他生物生存。抗生素对绿藻等真核藻类的影响主要通过抑制叶绿体代谢，影响藻类生长。此外，被激发的叶绿素分子可以诱导活性氧的形成，并引起氧化应激效应。人体肠道寄居大量微生物，它们与人体健康密切相关，抗生素进入人体可能会与肠道菌群相互作用，一旦肠道微生物群发生失衡，就可能导致有害细菌和机会性病原体的增殖，进而导致各种疾病，如伪膜性结肠炎、肠道疾病和结肠直肠癌[19]。同时，抗生素胁迫下产生的微生物耐药性问题日益严峻，耐药细菌和耐药基因已被认为是新兴环境污染物，城镇和医院污水处理设施排放的尾水是水环境中耐药细菌和耐药基因的主要来源。环境中日益增多的耐药细菌和耐药基因增加医疗卫生上使用抗生素治疗失效的风险。更为严重的是，这些耐药基因有可能通过基因水平转移从环境宿主细菌转到病原菌，或从病原菌转到环境中的原生宿主细菌，使得传播更为迅速和广泛，引发潜在的健康威胁，已被世界卫生组织列为人类健康的三大威胁之一[20]（图1-2）。

1.3 小结

我国已进入疫情防控常态化阶段，境外疫情扩散仍未见顶，病毒存在变异可能，且疫苗接种尚未普及，所以我国外防输入、内防反弹的压力依然很大。广泛存在于城市水系统的传染性病毒可能由于处理不当而保持感染能力，从而显著增加人群暴露和感染风险；疫情期间大量使用的消毒和治疗药剂，可通过各种途径进入水环境，从而可能威胁水生态安全与人群健康。为了取得抗疫的最终胜利，我们有必要密切关注地表水环境变化，健全饮用水安全保障、生活污水收集与处理等措施与设施，重点加强医院污水处理与风险管控，科学制定相应的环境保护标准规范，提升环保产业对疫情防控的支撑能力，加强水环境中新冠病毒传播与控制的科学研究，为保障水生态安全与人群健康提供科技支撑。

参考文献

[1] 王凯军. 面对疫情，我国污水处理体系面临大考[EB/OL]. [2020-04-15] [2021-07-04]. https：// huanbao.bjx.com.cn/news/20200415/1063476.shtml.

[2] Gupta S，Parker J，Smits S，et al. Persistent viral shedding of SARS-CoV-2 in faeces-a rapid review[J]. Colorectal disease：the official journal of the Association of Coloproctology of Great Britain and Ireland，2020，22（6）：611-620.

[3] 胡喆. 钟南山、李兰娟院士团队从新冠肺炎患者粪便中分离出病毒[J]. 科技传播，2020，12（4）：9.

[4] Chen Y，Chen L，Deng Q，Zhang G，et al. The presence of SARS-CoV-2 RNA in the feces of COVID-19 patients[J]. Journal of Medical Virology，2020，1102（10）.

[5] Wurtzer S，Marechal V，Mouchel J.-M，et al. Time course quantitative detection of SARS-CoV-2 in Parisian wastewaters correlates with COVID-19 confirmed cases[J]. MedRxiv，2020，1101（10）.

[6] 文建鑫，孙杰，李佳. 2019-nCoV疫区医疗污水处理现状与建议[J]. 中南民族大学学报（自然科学版）. 2020，39（2）：118-122.

[7] 刘建华，宋蕾雷，庄琳. 浅谈医院废水的水质特征[J]. 绿色科技，2014（11）：151-152.

[8] 江苏省市场监督管理局. 医疗污水病毒检测样品制备通用技术规范：DB 32/T 3764-2020[S]. 南京：江苏省市场监督管理局，2020：3.

[9] 江苏省市场监督管理局. 应对传染病疫情医疗污水应急处理技术规范：DB 32/T 3765-2020[S]. 南京：江苏省市场监督管理局，2020：3.

[10] Bivins A，Greaves J，Fischer R，et al. Persistence of SARS-CoV-2 in Water and Wastewater[J]. Environmental Science & Technology Letters，2020，7（12）：937-942.

[11] 楚文海，沈杰，栾鑫淼，等. 疫情防控期间污水处理厂强化消毒下的水环境次生风险实证研究[J]. 给水排水，2020，46（6）：1-5.

[12] 尹炜，王超，张洪，等. 新冠肺炎疫情期消毒剂的使用对水环境的影响——以武汉市为例[J]. 人民长江，2020，51（5）：29-33.

[13] 叶利兰，甘春娟，陈垚，等. 疫情防控期间含氯消毒剂大量使用对水生

生物的影响综述 [J]. 环境污染与防治，2021，43（5）：644-648.

[14] 孙亚全，黄兴，李国洪. 疫情期间消毒剂对污水处理厂及水环境的影响分析与建议 [J]. 水处理技术，2020，46（9）：7-10.

[15] 洪涵璐，赵伟，尹金宝. 饮用水消毒副产物基因毒性与致癌性研究进展 [J]. 环境监控与预警，2020，12（5）：36-48.

[16] Yin J，Wu B，Zhang XX，et al. Comparative toxicity of chloro-and bromo-nitromethanes in mice based on a metabolomic method[J]. Chemosphere，2017，185：20-28.

[17] 中华人民共和国国家卫生健康委员会. 新型冠状病毒肺炎诊疗方案（试行第八版）[Z]. 2020-08-19.

[18] Guan WJ，Ni ZY，Hu Y，et al. Clinical characteristics of 2019 novel coronavirus infection in China[J]. medRxiv，2020.

[19] Kovalakova P，Cizmas L，Mcdonald TJ，et al. Occurrence and toxicity of antibiotics in the aquatic environment：A review[J]. Chemosphere，2020，251：126351.

[20] Ben Y，Fu C，Hu M，et al. Human health risk assessment of antibiotic resistance associated with antibiotic residues in the environment：A review[J]. Environmental Research，2019，169：483-493.

第2章 疫情下的地表水环境

2.1 全国地表水环境整体状况

2019～2020年，我国地表水环境整体状况趋好，大部分国控断面地表水水质优良（Ⅰ～Ⅲ类）。疫情前，根据主要污染指标（化学需氧量、总磷、高锰酸盐指数）的测定，在1940个国家地表水考核断面中，Ⅰ～Ⅲ类断面比例为74.9%，劣Ⅴ类断面比例为3.4%，主要污染指标为化学需氧量、总磷和高锰酸盐指数。2020年疫情期间，绝大部分企业停工停产，人为活动减少，环境尤其是水环境中的污染物的排放下降，全国地表水整体水质状况进一步改善。疫情后1940个国家地表水考核断面中，Ⅰ～Ⅲ类断面比例为83.5%，较疫情前上升了8.6个百分点，劣Ⅴ类断面比例为0.6%，较疫情前下降了2.8个百分点。主要污染指标与疫情前一样，仍为化学需氧量、总磷和高锰酸盐指数（图2-1、图2-2）。

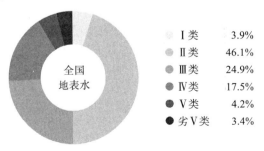

Ⅰ类	3.9%
Ⅱ类	46.1%
Ⅲ类	24.9%
Ⅳ类	17.5%
Ⅴ类	4.2%
劣Ⅴ类	3.4%

图2-1 2019年全国地表水水质状况[1]

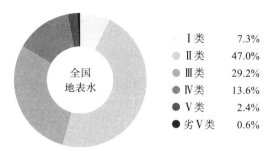

	I 类	7.3%
	II 类	47.0%
	III 类	29.2%
	IV 类	13.6%
	V 类	2.4%
	劣 V 类	0.6%

图2-2　2020年全国地表水水质状况[2]

2.1.1 主要河流水质状况

2019～2020年，我国主要河流的水质整体状况较好，大部分河流水质优良（I～III类）。疫情前，对主要污染指标（化学需氧量、高锰酸盐指数和氨氮）的测定显示，长江、黄河、珠江、松花江、淮河、海河、辽河七大流域及西北诸河、西南诸河和浙闽片河流 I～III 类水质断面比例为 79.1%，劣 V 类断面比例为 3.0%，主要污染指标为化学需氧量、高锰酸盐指数和氨氮。其中，西北诸河、浙闽片河流、西南诸河和长江流域水质为优，珠江流域水质良好，黄河、松花江、淮河、辽河和海河流域为轻度污染。疫情后全国主要河流的水质状况有所改善，I～III 类断面比例为87.4%，较疫情前上升8.3个百分点，劣 V 类断面比例为0.2%，较疫情前下降2.8个百分点，主要污染指标为化学需氧量、高锰酸盐指数和五日生化需氧量。疫情后水质优良的河流（流域）数量有所增加，其中，珠江流域水质由良好转变为优，黄河、松花江和淮河流域水质由轻度污染转变为良好（图2-3、图2-4）。

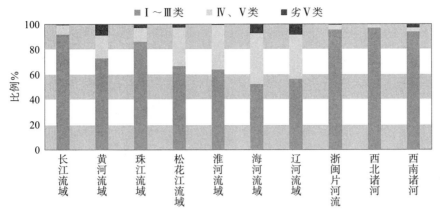

图2-3 2019年七大流域和西南、西北诸河及浙闽片河流水质状况[1]

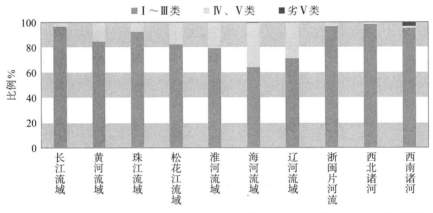

图2-4 2020年七大流域和西南、西北诸河及浙闽片河流水质状况[2]

2.1.2 主要湖泊水质状况

2019～2020年，我国主要湖泊的水质整体状况较好，大部分湖泊水质优良（Ⅰ～Ⅲ类）。疫情前对110个重要湖泊（水库）开展了水质监测，Ⅰ～Ⅲ类水质的湖库有76个，占比69.1%，劣Ⅴ类水质的湖库有8个，占比7.3%，主要污染指标为总磷、化学需氧量和高锰酸盐指数。对107个重要湖泊（水库）开展了营养状态监测，其中，中度富营养的6个，占5.6%，轻度富营养的24个，占22.4%，其余未呈现富营养化。主要湖库中，太湖、巢湖为轻度污染、轻度富营养，主要污染指标为总磷；滇池为轻度污染、轻度富营养，主要污染指标为化学需氧量和总磷；洱海水质良好、中营养；丹江口水库水质为优、中营养；白洋淀为轻度污染、轻度富营养，主要污染指标为总磷、化学需氧量和高锰酸盐指数。

疫情后全国主要湖泊的水质状况进一步改善，开展水质监测的112个重要湖泊（水库）中，Ⅰ～Ⅲ类水质湖库个数占比76.8%，较疫情前上升7.7个百分点，劣Ⅴ类水质湖库个数占比5.4%，较疫情前下降1.9个百分点。开展营养状态监测的110个重要湖泊（水库）中，重度富营养的1个，占0.9%；中度富营养的5个，占4.5%；轻度富营养的26个，占23.6%；其余未呈现富营养化，营养状态较疫情前稍有下降。主要湖库与疫情前相比，洱海水质由良好转为优，滇池营养状态由轻度富营养下降为中度富营养，其他湖库的水质和营养状态均无明显变化（图2-5）。

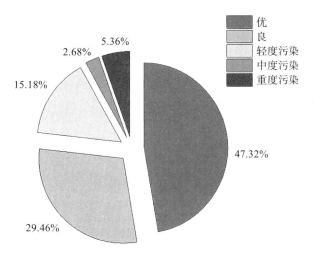

图2-5　2020年重要湖泊（水库）水质状况[3]

2.1.3 近海水环境质量状况

2019～2020年，我国近岸海域水质状况总体稳中向好，大部分海域水质优良。疫情前根据主要污染指标（化学需氧量、高锰酸盐指数和氨氮）的测定结果，优良（Ⅰ、Ⅱ类）水质海域面积比例为76.6%，劣Ⅳ类水质海域面积比例为11.7%。监测的190个主要入海河流水质断面中，Ⅱ类水质断面占19.5%，Ⅲ类占34.7%，Ⅳ类占32.6%，Ⅴ类占8.9%，劣Ⅴ类占4.2%。主要超标指标为化学需氧量、高锰酸盐指数、总磷、氨氮和五日生化需氧量。2020年全国近岸海域水质较疫情前有所改善，优良（Ⅰ、Ⅱ类）水质海域面积比例为77.4%，较2019年上升0.8个百分点；劣Ⅳ类为9.4%，较2019年下降2.3个百分点。沿海11个省（区、市）中，除上海和江苏的优良水质比例下降外，其余沿海地区优良水质比例均与2019年持平或有所上升。

2.2 疫情防控重点区域的水环境质量状况

在国内，疫情暴发期间（2019年12月～2020年3月），湖北省、广东省、浙江省、河南省、上海市的累积确诊人数相对较多，累计确诊病例超1000人，含氯消毒剂等抗疫化学品使用量相对较大，且各类抗疫化学品存在经城市排水系统进入水环境的可能，故上述疫情重点区域的水环境状况值得关注。

本章基于以上省市的水环境质量报告数据，分析了2019年10月～2020年11月为期一年的总体水质变化情况，包括疫情暴发前（2019年10月～2020年1月）、疫情暴发期间（2020年2～3月），疫情得到基本控制后（2020年4～11月）三个阶段。

总体来看，疫情期间水质整体良好，受疫情影响较小。值得关注的是，疫情期间，含氯消毒剂的使用为防控新冠病毒传播发挥了重要作用，但由于使用广泛、剂量较大，导致自然水环境在一定程度上受到余氯的影响。2020年2月1日起，生态环境部门累计对1562个饮用水源地开展了余氯监测，47个饮用水源地余氯有检出[4]；并且在湖北和上海两个省市发现，在疫情暴发的2019年12月～2020年3月期间水体中氨氮含量显著低于往年同期冬季的水平。原因可能有三方面：一是由于居家隔离期间，工厂停工停产，工业污染排放减少；二是水体中的余氯与氨氮结合形成氯胺，氯胺与水中其他物质进一步反应，进而消耗掉部分氨氮[5]；三是近些年来长江生态环境保护工作取得较为显著的成效，长江干流水质总体向好。

2.2.1 湖北省

图2-6梳理了湖北省2019年10月～2020年11月期间的总体水质情况，包括116个河流断面，约80%的河流断面水质为Ⅱ类水与Ⅲ类水。总体来看，水质未发生显著变化，甚至在疫情形势较为严重的2019年12月～2020年4月期间，Ⅰ类水的河流断面个数小幅上升（图2-6）。

值得注意的是，基于湖北省长江干流水质月报数据分析，2019年12月～2020年3月水体中氨氮水平较往年更低，而高锰酸盐指数变化不大（图2-7），其原因如前文所述。

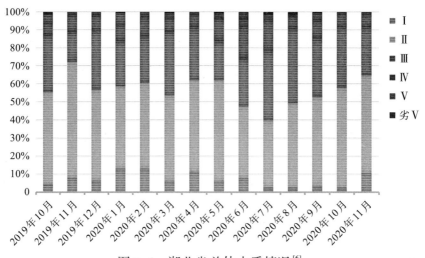

图 2-6 湖北省总体水质情况[6]

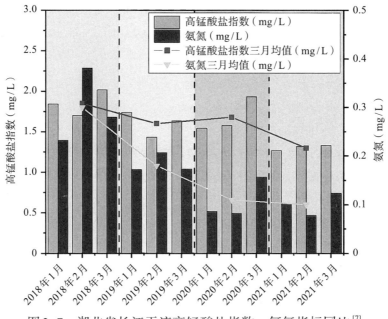

图 2-7 湖北省长江干流高锰酸盐指数、氨氮指标同比[7]

2.2.2 广东省

图 2-8 为广东省自 2019 年 10 月～2020 年 12 月的水质情况。广东省共对全省 33 个河流断面进行了水质检测，60% 以上断面

达到Ⅱ类水水质标准；6个断面在此段时间监测到劣Ⅴ类水质，约占总监测断面的五分之一；部分河流在一年之中的水质波动较大，如鹤市河在这段时间内在Ⅱ类水和劣Ⅴ类水之间波动。此外，广东省近三年的高锰酸盐指数呈现先增加再基本持平的趋势，氨氮含量逐年下降，在疫情期间未出现明显的水质波动。总体来说，广东省的水质情况未受疫情明显影响。

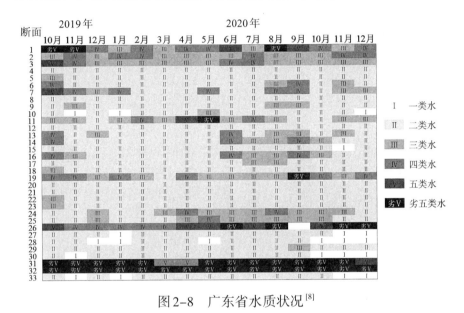

图2-8 广东省水质状况[8]

2.2.3 浙江省

图2-9为浙江省2019年10月～2020年12月的水质河流断面水质情况。因受疫情影响，2月未对河流断面水质情况进行检测。由图可以看出，浙江省水质情况较为稳定，50%以上河流断面达到了Ⅱ类水水质标准，整体水质达标率在75%以上，且未发现疫情对河流水质造成影响，甚至在疫情期间，Ⅴ类水的水体个数有所下降，Ⅰ类水、Ⅱ类水的水体个数有小幅上升。

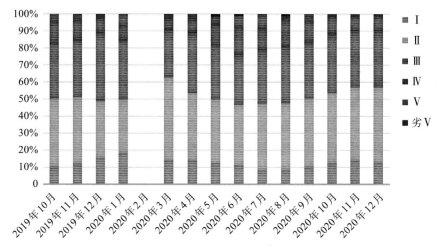

图2-9 浙江省水质状况[9]

2.2.4 河南省

河南省的集中式生活饮用水水源主要分为地表水和地下水两类，其中地表水约占全市总取水量的87%，地下水约占13%。根据河南省2019年10月～2020年12月期间的《省辖市集中式生活饮用水水源水质状况》月报数据分析结果，河南省地表水水源基本满足Ⅰ类与Ⅱ类水水质要求（图2-10），地下水水源水质虽低于地表水，但也多属于Ⅲ类水（图2-11）。地表水水源和地下水水质水源在疫情期间并未表现出较大波动。

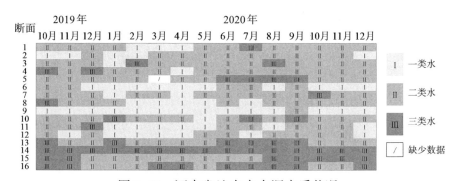

图2-10 河南省地表水水源水质状况

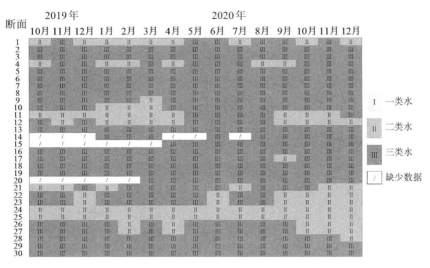

图2-11 河南省地下水水源水质状况

2.2.5 上海市

上海市位于长江最下游，70%的水源来自长江，图2-12为2019年10月～2020年11月上海市环境水体水质总体情况。从图中可以看出，上海市地表水的水质大部分处于Ⅲ类水和Ⅳ类

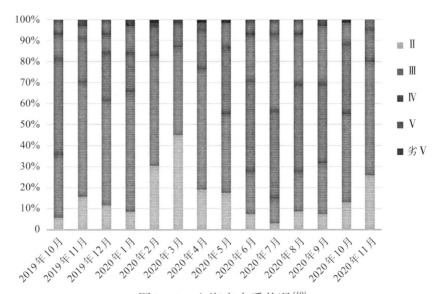

图2-12 上海市水质状况[10]

水。在疫情较为严重的2020年2～4月，总体水质表现出向好趋势，Ⅳ类水及其以上水质的断面较其他时间大幅度减少。在下半年又恢复往年平均水平。

图2-13统计了2018年～2020年1～3月上海市长江干流国考断面高锰酸盐指数和氨氮指数的变化，高锰酸盐指数呈现逐年下降的趋势。在疫情暴发期间的2020年1～3月，高锰酸盐指数在1.95～2.93mg/L范围内波动。氨氮指标随时间的周期性变化很明显，且不同的河流断面的变化规律也比较一致。值得注意的是，同长江中游的湖北省相似，在2020年1～3月期间，氨氮水平明显低于往年同期，其原因如本章2.2所述。

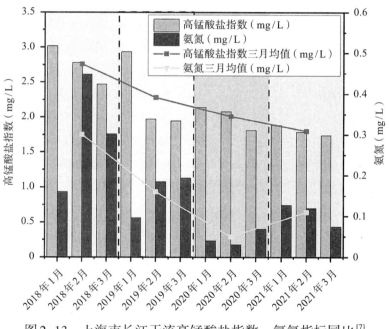

图2-13　上海市长江干流高锰酸盐指数、氨氮指标同比[7]

2.3 防疫消毒对地表水环境质量的影响

在防控新冠病毒疫情期间，含氯消毒剂的广泛使用在阻断新冠病毒环境传播方面发挥了至关重要的作用，然而过量使用的消毒剂也会以余氯的形式通过城市排水系统进入环境水体。较高浓度的余氯本身会直接危害水生生物，也会与水中的有机和无机物质发生化学反应形成各类次生产物（水处理上通常称其为消毒副产物），造成潜在的水环境次生风险。含氯消毒剂所带来的余氯和消毒副产物，以及疫情期间同样被大量使用的抗病毒药物会在地表水环境中积累，可能对水生态系统造成潜在威胁。当前已有部分研究报道了水环境中余氯、消毒副产物及抗病毒药物的浓度水平和潜在毒性作用机制，但仍需结合疫情期间的实际情况进一步深入研究和评估。

2.3.1 地表水余氯的变化规律

图2-14展示了疫情期间消毒剂使用的场所，包括医疗机构、市政污水处理厂、居民住宅和公共场所等[11]。

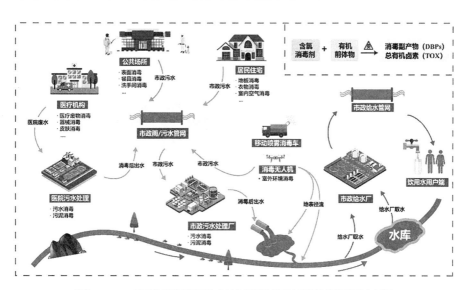

图2-14 疫情期间消毒剂使用场所及消毒剂迁移过程

疫情期间我国新冠肺炎指定接收医院的污水消毒规定采用有效氯剂量为50mg/L，接触时间≥1.5h，以确保余氯量超过6.5mg/L，防止新冠病毒再生[12]。医院初步处理后的高余氯污水通过市政污水管网进入市政污水处理厂，再经进一步处理后出水，排放至地表水体，同时也存在直接溢流至环境水体的可能。

在市政污水处理厂方面，据报道，2020年1月29日～2月18日期间，仅在武汉市累计投放的消毒剂就达到了1963.58t。武汉市26座污水处理厂均采用次氯酸钠24h连续滴加消毒，累计尾水强化消毒用量共计1777.36t，污泥消毒用量共计33.69t[13]。有学者对我国疫情期间56个污水处理厂消毒设施的运行进行了调查，为保险起见，一些使用氯消毒的污水处理厂将消毒氯剂量从1.5mg/L增加到4～5mg/L。此外，在之前仅使用紫外线消毒的14个污水处理厂中，还额外增设了氯消毒处理。在同一调查中，24个污水处理厂处理后的废水中的氯残留量在0.09～8.5mg/L范围内，平均为1.12mg/L[14]。也有学者发现疫情期间南淝河几个大型污水处理厂尾水排口附近水体中余氯水平明显高于其他采样点[15]。

除医疗机构和市政污水厂外，疫情期间各地还开展了公共区域消杀工作，对各公共场所、道路、海滩等区域进行了消毒剂的大范围喷洒。尽管高压喷雾可以减少病毒传播，但也造成了消毒剂的残留。室内外环境中部分残留消毒剂可经雨水冲刷，一部分通过市政雨水管网进入污水处理厂，另一部分通过地表径流直接流入天然水体，如含有氯消毒剂的污水沿着斜坡形成漫流，通过冲沟和溪涧进入河流。

残留消毒剂可经污水尾水排放和地表径流两个途径进入天然水体，对水环境构成潜在危害。因此，生态环境部强调要监测水体的余氯指标。余氯是氯消毒的重要水质参数，是指在水中投加含氯消毒剂后，除了与水中细菌、微生物、有机物等作用而消耗的氯量以外，水中所余留下的有效氯。余氯主要包含两大类：一类是游离氯（次氯酸和次氯酸根离子），另一类是化合氯（氯胺、部分有机氯胺等）。监测数据（2020年2～3月）显示：疫情期间，武汉市部分湖泊水体上覆水中的余氯最高检出值达0.4mg/L。2020年2月1日～3月11日，生态环境部门累计对全国11474个饮用水源地进行监测，未发现受疫情防控影响饮用水源地水质情况。对1562个饮用水源地开展了余氯监测，受疫情防控开展的消杀工作等影响，47个饮用水源地余氯有检出，但浓度均低于自来水厂出水标准（0.3mg/L），其他饮用水源地余氯均未检出。湖北省对125个水源地开展监测，水质均达到或优于Ⅲ类标准。说明疫情期间余氯并未对我国的饮用水源水质造成较大影响[4]。疫情期间，有学者对污水厂排口上下游水体中余氯进行了布点监测，发现排口附近受纳水体中的余氯水平较高，但其衰减较快，加之水源地与市政污水排放口的距离较远，污水厂消毒尾水中的余氯基本不会对城市大型水源水质造成影响[11]，但是否诱发实际生态风险尚不得而知。

2.3.2 地表水消毒副产物的变化规律

除了直接威胁水生态环境的余氯之外，余氯和水中有机物反应产生的各类副产物（水处理中通常称之为"消毒副产物"）的次生风险也不容忽视[5]。许多消毒副产物已被证实具有生物毒性。例如，三卤甲烷和卤乙酸可对细菌产生急性遗传毒性。卤代酚类消毒副产物，尤其是碘代酚类消毒副产物，对多毛蠕虫胚胎会产生发育毒性，并可以抑制藻类的生长。流行病学研究还表明，人接触消毒副产物会增加患膀胱癌、先天缺陷和流产的风险。同时余氯和消毒副产物的组合进一步损害了水环境局部微生物群落，从而使消毒副产物的生化降解失效[16]（图2-15）。

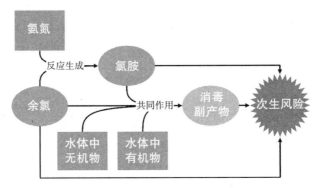

图2-15 水环境中消毒副产物的生成

2020年2月16～17日，生态环境部门用监测船对长江、汉江的9个市级饮用水源地进行水质监测，监测项目包括化学需氧量、氨氮、总磷、粪大肠菌群等常规指标和三氯甲烷等特殊指标。其中特殊指标即是通常所说的消毒副产物类物质。监测结果显示，武汉市9个地市级集中式饮用水源地水质均达到或优于Ⅲ类标准，未受到常规消毒副产物影响，10个县级饮用水源地水质所有监测项目均达标[4]。

有学者对疫情期间污水处理厂下游的消毒副产物浓度进行了调查，发现当污水处理厂含氯尾水排入受纳河水后，下游河水中三氯甲烷浓度呈先升高后降低的趋势，这是由于余氯的存在导致三氯甲烷持续生成，但余氯快速被消耗，三氯甲烷的生成速率快速降低至其挥发速率以下，故三氯甲烷浓度开始逐步降低。消毒副产物种类较多，毒性也有较大差异。除了常规检测的三卤甲烷之外，研究中还对污水处理厂排放口上下游河水中的卤乙酸、卤乙腈、卤代乙酰胺等多类典型卤代消毒副产物进行抽样检测，发现下游河水中部分消毒副产物浓度有所波动[11]。

虽然卤乙酸、卤乙腈、卤代乙酰胺等卤代消毒副产物在河流中的浓度低于河流中三氯甲烷的浓度，但一部分消毒副产物，如卤乙腈和卤代乙酰胺的细胞毒性和遗传毒性高出三氯甲烷2～4个数量级，且一部分消毒副产物相较于三氯甲烷更不易挥发，特别是卤乙酸和卤代乙酰胺，其挥发系数是三卤甲烷的千万分之一，吸附沉降系数也仅为三卤甲烷的百万分之一，故其可能随水流输移至更远的地区。并且有研究发现，卤乙酸、卤代乙酰胺会诱导微生物的DNA产生加合物或DNA片段断裂，具有基因毒性和诱导突变特性，影响正常的微生物生命活动[17]。因此，为考察水环境及水源地是否受到消毒副产物污染，除三卤甲烷等常规消毒副产物指标之外，卤乙酸、卤代乙酰胺等较难挥发、较难降解的持久性消毒副产物也应得到关注。

总之，局部地区大量、过渡使用的含氯消毒剂，可能会以余氯和消毒副产物等形式进入水环境而对水生态水安全构成威胁[5]。我国《城镇污水处理厂污染物排放标准》GB 18918—2002和《地表水环境质量标准》GB 3838—2002中尚无余氯和非常规消毒副产物的相关指标，加之没有像此次疫情期间如此高强度使用含氯消毒剂的先例，我们对疫情期间余氯和消毒副产物在水环境中的迁移转化过程以及生态环境效应知之甚少。因此，在新冠疫情期间消毒剂高强度使用这一特殊事件的背景下，对于余氯和消毒副产物引起的水环境/水生态/水安全问题和相应的防控对策，还需开展系统研究以防患未然。

2.3.3 地表水抗病毒药物的浓度水平及潜在影响

新冠疫情期间，以火神山、雷神山为代表的各定点医院收治了大量新冠肺炎患者，使用了大量的药物。其中主要包括以α-干扰素、利巴韦林、磷酸氯喹、阿比多尔为代表的抗病毒药物，以莫西沙星、阿奇霉素等为代表的广谱抗菌药物以及单克隆抗体、免疫球蛋白等免疫治疗药物和糖皮质激素等[18]。

作为药物消耗最主要的场所，医院通过污水向所在地的市政管网释放药物类等新兴污染物的现象普遍存在。有研究指出，医院污水对全社会药物等新兴污染物的贡献率达到了15%～38%[19]，而公共卫生事件（如新冠肺炎疫情）的发生，更会导致短时间内大量药物进入环境。国外学者的研究也证实，在2009年，与甲型H1N1大流行前期和后期相比，大流行期间在地表水域检测到抗生素（包括磺胺甲恶唑、阿奇霉素和环丙沙星）的浓度和频率均有所增加[20]。

虽然抗生素在环境中的浓度水平还不至于对人体造成急性危害，但其大规模的生产和使用，以及在传统污水处理工艺中的难降解性、在环境中的稳定性使得其更容易被生物长期低量摄入，从而诱导抗生素耐药性的产生与传播。自抗生素被广泛应用以来，耐甲氧西林的金黄色葡萄球菌、耐青霉素的肺炎链球菌、耐万古霉素的肠球菌以及绿脓杆菌、NDM-1泛耐药肠杆菌科细菌等耐药性超级细菌相继出现，给人类带来了巨大的挑战。此外，新冠疫情期间，抗菌洗手液、含氯消毒剂等化学品也被大量使用，《Science》2021年初的文章指出，过度消毒可能通过促进细菌基因突变使其产生抗生素耐药性，并能加速耐药性基因在细菌之间的传播[21]。被超级细菌感染后，轻则导致医疗时间延长，重则可能无药可治。据世界卫生组织推测，若是对超级细菌的传播不加以控制，到2050年，超级细菌将超越癌症，成为全球"头号杀手"。届时，每年因为超级细菌而死亡的人数将远远超过新冠病毒2020全年的致死人数！而除了会诱导产生抗生素耐药病原菌（ARB）和抗生素抗性基因（ARGs），环境中的抗生素污染还可能产生毒理效应和生态风险等其他危害。

尽管现有医院污水排放标准以及常规地表水水质监测中并未涉及药物类污染物指标，但未雨绸缪，已有学者在推进有关优先进行监测和风险评估的药品筛选工作，为未来环境中药物的常态化监测做好铺垫。伴随着国家生态文明建设、流域生态环境治理、新兴污染物防控等一系列战略及举措，加大医院污水处理系统以及自然环境中抗生素等药物类新兴污染物的监管与控制力度势在必行。在新冠肺炎疫情这种特殊情况下，医院污水防控体系的建设应遵循更高的要求和标准，药物降解的重要性丝毫不亚于杀灭病原微生物。而在平时，公众滥用抗生素对环境造成的影响亦不容忽视，正确认识和使用药品以及处置过期或废弃的药物也任重而道远。

2.4 小结

疫情后我国地表水环境整体状况良好，主要污染指标与疫情前类似，仍为化学需氧量、总磷和高锰酸盐指数。疫情期间重点区域水质整体良好，受疫情影响较小。疫情暴发期间长江部分干流水体中氨氮含量低于往年同期水平。可能原因是：疫情防控期间工厂停工停产，污染排放减少；水体中的余氯的氧化作用消耗掉部分氨氮；近年来长江生态环境保护工作取得较为显著成效，长江干流水质总体向好。疫情期间消毒剂的广泛使用，使残余的消毒剂进入水环境，部分水体检出不同浓度余氯，但其衰减较快，城市水源未受到三氯甲烷等易挥发消毒副产物的影响。但是，我们仍需关注饮用水源中卤乙酸、卤乙酰胺等难挥发、难降解的持久性消毒副产物的污染问题，深入研究和重点监测大量抗病毒药物通过城市排水系统进入水环境引发的微生物耐药性变化。

参考文献

[1] 中华人民共和国生态环境部.2019中国生态环境状况公报[R]. 2020-06-02.

[2] 中华人民共和国生态环境部.2020中国生态环境状况公报[R]. 2021-05-26.

[3] 中华人民共和国生态环境部.2020年全国生态环境质量简况[R]. 2021-03-02.

[4] 中华人民共和国生态环境部.病毒和消毒会影响水质吗？生态环境部这么回答[EB/OL]. [2020-03-11]. http：//www.mee.gov.cn/ywgz/ssthjbh/dbssthjgl/202003/t20200311_768408.shtml.

[5] Chu WH, Fang C, Deng Y, Xu ZX. Intensified Disinfection Amid COVID-19 Pandemic Poses Potential Risks to Water Quality and Safety[J]. Environmental Science & Technology, 2021, 55（7）：4084-4086.

[6] 湖北省生态环境厅.湖北省地表水环境质量月报[R].

[7] 中华人民共和国生态环境部.全国地表水水质月报[R].

[8] 广东省生态环境厅.广东省重点河流水质状况[R].

[9] 浙江省生态环境厅.浙江省地表水环境质量月报[R].

[10]上海市生态环境局.上海市地表水水质状况月报[R].

[11] 楚文海，沈杰，栾鑫淼，等.疫情防控期间污水处理厂强化消毒下的水环境次生风险实证研究[J].给水排水，2020，56（6）：1-5+14.

[12] 中华人民共和国生态环境部.关于做好新型冠状病毒感染的肺炎疫情医疗污水和城镇污水监管工作的通知[EB/OL]. [2020-02-01]. http：//www.gov.cn/zhengce/zhengceku/2020-02/02/content_5473898.htm.

[13] 实施城市下水道消毒，武汉投放消毒药剂1963.58吨[N]. 人民日报，2020-02-20.

[14] 李激，王燕，熊红松，等.城镇污水处理厂消毒设施运行调研与优化策略[J].中国给水排水，2020，36（8）：7-19.

[15] 杨长明，陈霞智，王汉宇.新冠肺炎疫情暴发前后南淝河城区段水体中含氯化合物含量比较[J].环境科学与技术，2020，43（8）：172-176.

[16] Richardson SD, Plewa MJ, Wagner ED, Schoeny R, DeMarini DM. Occurrence, genotoxicity, and carcinogenicity of regulated and emerging

disinfection by-products in drinking water：A review and roadmap for research[J]. Mutation Research，2007，636（1-3）：178-242.

[17] Li XF，Mitch WA. Drinking Water Disinfection Byproducts（DBPs）and Human Health Effects：Multidisciplinary Challenges and Opportunities[J]. Environmental Science & Technology，2018，52（4）：1681-1689.

[18] 中华人民共和国国家卫生健康委员会.《新型冠状病毒肺炎诊疗方案（试行第八版）》[R].

[19] 熊兆锟，刘文，曹剑钊，等.新冠肺炎疫情对医院污水防控体系建设的影响及启示[J].土木与环境工程学报（中英文），2020，42（6）：134-142.

[20] A review of pharmaceutical occurrence and pathways in the aquatic environment in the context of a changing climate and the COVID-19 pandemic[J]. Analytical Methods，2021，13（5）：575-594.

[21] Lu J，Guo J. Disinfection spreads antimicrobial resistance[J]. Science，2021，371（6528）：474-474.

第3章 疫情下的饮用水安全保障

3.1 饮用水供给及水质概况

3.1.1 水源地水质概况

2020年全国饮用水水源水质相对于2019年总体趋于好转，特别是总磷、高锰酸盐指数等指标的超标情况明显减少。根据《2020中国生态环境状况公报》336个地级及以上城市的902个在用集中式生活饮用水水源断面（点位）中，852个全年均达标，占94.5%。其中地表水水源监测断面（点位）598个，584个全年均达标，占97.7%，主要超标指标为硫酸盐、高锰酸盐指数和总磷；地下水水源监测点位304个，268个全年均达标，占88.2%，主要超标指标为锰、铁和氨氮，锰和铁主要是由于天然背景值较高所致。

水源地水质改善的主要原因包括国家近年来大力推进的环境治理行动，以及2020年受疫情影响工商业活动明显减少，污废水排放量明显下降，对河流型水源地的污染负荷有所减轻。

3.1.2 水处理工艺的适应性调控

在新冠疫情背景下，自来水厂采取了多种适应性工艺调控，提高了水厂的安全产水能力。工艺调控主要以加强病原微生物灭活为主，疫情期间普遍采取的水质安全保障方式是强化消毒，包括增加消毒工艺的CT值并尽量降低出水浊度。同时，消毒剂投量的增加和接触时间的延长也会带来消毒副产物浓度升高甚至超标的风险。因此，增加深度处理工艺去除消毒副产物前体物、降低氨氮以保证消毒工艺自由氯浓度、降低浊度以避免水中颗粒物对微生物灭活产生干扰等，也是自来水厂应对新冠疫情的重要调控手段。

3.2 饮用水保障措施及运行效果（以武汉为例）

疫情期间，疫区各供水企业采取了强有力的紧急应对措施，积极提升饮用水安全水平。作为典型代表，武汉市水务集团有限公司（以下简称"武水集团"）加强水源水质检测，密切关注原水变化，强化净水工艺，提高了管网和二次供水系统余氯水平，实施了基于"安全模式"的封闭式生产，采用分级分区隔离等防控措施，实现了各水厂在疫情期间持续稳定运行，出厂水、管网水水质全部优于国家《生活饮用水卫生标准》GB 5749—2006要求。

3.2.1 水源水质情况

在水源水质管理方面，武汉采取了防线前移的工作思路。武水集团定期开展取水口及水源保护区的巡查，确保应急药剂投加系统完好、应急药剂充足可用，每半年开展一次《地表水环境质量标准》GB 3838—2002的全部109项分析。在水源水9项常规监测指标基础上增加了"余氯值"检测项，并密切关注pH、高锰酸盐指数、氨氮等原水水质指标的变化。同时，加强在线仪表维护管理和水质监测数据监控，对异常数据进行人工检测比对复核。

疫情期间原水水质整体优良，满足《地表水环境质量标准》GB 3838—2002 Ⅲ类水体要求。在此之前，每年1～3月是汉江水华高发期，2020年同期未发生水华问题，原水色度、高锰酸盐指数、pH值等水质指标良好（图3-1）；同时，受企业停工停产影响，疫情期间上游地区污水排放量减少，河道水中大肠杆菌、溶解性铁、氨氮等数值较往年更低。2020年2月20日，生态环境部公布新冠肺炎疫情发生以来生态环境质量监测结果，武汉

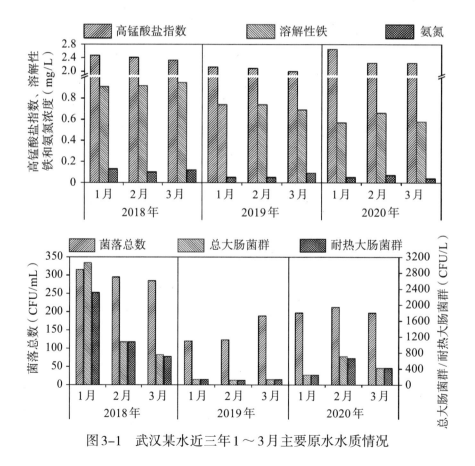

图3-1 武汉某水近三年1～3月主要原水水质情况

市长江纱帽（左）汉江宗关、长江杨泗港、长江沌口、汉江琴口等主要饮用水水源地水质均优于《地表水环境质量标准》GB 3838—2002 Ⅲ类标准限值，饮用水水源地水质总体未受疫情影响。7个水源地余氯有检出，浓度低于自来水厂出水标准（0.3mg/L）。

3.2.2 水厂处理工艺

疫情给自来水处理带来的挑战主要有两个方面：即水源水中新冠病毒的赋存情况不明和水处理工艺的适应性调整。

美国的水质标准要求自来水厂应满足对肠道病毒4log（99.99%）的去除/灭活率[1]。针对消毒环节，美国提出了水厂灭活肠道病毒的技术规范，如表3-1所示[2]。虽然该规范并未提及冠状病毒，因冠状病毒为包膜病毒，其对消毒剂的抵抗力一般低于肠道病毒和大肠杆菌[3]。对照该规范要求，水厂需要保证足够的消毒剂浓度和接触时间（CT值），实现充分的病毒消毒效果。2020年2月14日，住房和城乡建设部发布了"饮用水厂加强病毒去除与控制的运行管理建议"。建议指出，尽管我国现行的《生活饮用水卫生标准》GB 5749—2006没有明确限定病毒的最高允许浓度，但该标准中对浊度和消毒有严格的规定和要求，因此保证了饮用水处理工艺对病毒的去除和灭活。

不同消毒剂灭活病毒的CT值或剂量 表3-1

灭活率 \ 消毒剂	游离氯（min.mg/L）	氯胺（min.mg/L）	二氧化氯（min.mg/L）	臭氧（min.mg/L）	紫外（mJ/cm^2）
2log，99%	5.8/3.0	1243/643	8.4/4.2	0.90/0.50	100
3log，99%	8.7/4.0	2063/1067	25.6/12.8	1.40/0.80	143
4log，99%	11.6/6.0	2883/1491	50.1/25.1	1.80/1.00	186

注：表中给出了前四种消毒剂在1℃或10℃时针对肠道病毒的灭活数据，给出的紫外消毒剂量是对紫外抗性较强的腺病毒的灭活数据。

武汉各供水企业将微生物安全作为首要水质安全目标，对照住房和城乡建设部发布的"饮用水厂加强病毒去除与控制的运行管理建议"和美国病毒灭活规范的要求，开展了水厂灭活病毒能力的评估工作。以确保灭活病毒所需CT值和控制出水浊度为主要抓手，采取了多项强化病毒灭活的工艺措施，并兼顾消毒副产物控制，最大限度地确保了病毒等微生物的去除效果。

结合当地的水质情况，武汉市对各供水厂工艺提出了明确要求：病毒灭活率不低于4log，清水池水温是0.5℃，pH为8.5。为实现该目标，要求清水库停留时间大于30min，余氯不小于1.2mg/L，清水池CT_{10}值应大于23mg/（L·min）；同时，各水厂严格控制沉后浊度小于3NTU，滤后水浊度小于0.3NTU，出厂水浊度控制在0.3NTU以内，余氯控制在1.0～1.2mg/L（其中火神山医院供水管网余氯量≥0.2mg/L）。同时，为控制消毒副产物，设定以长江、汉江为水源的供水厂在疫情高风险期清水池CT值上限分别为300mg/（L·min）和150mg/（L·min），武汉市各主力水厂出厂水均符合《生活饮用水卫生标准》GB 5749—2006要求（表3-2）。

武汉市各主力水厂出厂水主要检测结果月平均值　　表3-2

项目	标准限值	2019年12月	2020年1月	2020年2月	2020年3月	2020年4月	2020年5月
浊度（NTU）	1	0.16	0.14	0.14	0.15	0.13	0.14
余氯（mg/L）	4＞余氯≥0.3	1.03	1.01	1.06	1.05	1.05	1.04
菌落总数（CFU/mL）	100	未检出	未检出	未检出	未检出	未检出	未检出
总大肠菌群（CFU/100mL）	不得检出	未检出	未检出	未检出	未检出	未检出	未检出
三氯甲烷（mg/L）	0.06	0.027	0.028	0.030	0.031	0.035	0.009
三卤甲烷（总量）	1	0.595	0.546	0.626	0.585	0.655	0.216

此外，针对水厂运行管理注意事项及后期工作，武汉市取消了将沉淀池排泥水和滤池反冲洗水回用到处理工艺系统中的做法，降低病毒在沉淀池污泥和反冲洗水中富集的可能性。考虑到病毒可能会通过滤池气水反冲洗产生的飞沫进行传播，水厂要求操作工人及相关人员在运维工作中佩戴口罩进行自我防护。

3.2.3 供水管网和二次供水

管网和二次供水是疫区饮用水安全保障的薄弱环节，面临余氯衰减、微生物再生长等问题。为了确保最后一公里的供水安全，各地加强了对管网和二次供水的监管。其中，武汉水务集团水质监测中心在疫情期间加强加密了管网和二次供水水质的监测，利用物联网技术，对配水系统进行远程监控和实时监测。对全部11个水厂、200多个常规管网点、近100个二次供水监测点以及10多个定点医疗机构的水质开展人工检测和在线监测，管网水质达到《生活饮用水卫生标准》GB 5749—2006要求（表3-3）。

管网水主要检测结果月平均值 表3-3

项目	标准限值	2019年12月	2020年1月	2020年2月	2020年3月	2020年4月	2020年5月
浊度（NTU）	1	0.29	0.26	0.25	0.24	0.24	0.25
余氯（mg/L）	≥0.05	0.68	0.73	0.73	0.75	0.77	0.77
菌落总数（CFU/mL）	100	未检出	未检出	未检出	未检出	未检出	未检出
总大肠菌群（CFU/100mL）	不得检出	未检出	未检出	未检出	未检出	未检出	未检出
三氯甲烷（mg/L）	0.06	0.024	0.029	0.037	0.040	0.036	0.013
三卤甲烷（总量）	1	0.475	0.569	0.756	0.662	0.672	0.282

同时，充分利用泵房远程监控管理平台，对泵房进行"远程

监控，实时监测"，发现故障，及时处理，确保泵房运行安全；避免突然停水、流量和压力突变，降低管网故障率，保障供水系统连续稳定运行。此外，加大水表智能化改造，提升抄表效率，减少人员接触，降低病毒传播风险。

此外，疫情期间，由于停工停产停学，使大量建筑空置，饮用水在建筑内管道的停留时间可长达数月之久，会造成严重的病原微生物滋生，以及金属离子析出等问题。因此，武水集团在疫情期间采取了对低流速管道末梢增加排水频次的措施。同时告知用水单位，复工复产前应放空管道存水。供水系统应重点关注微生物风险控制，特别是管网系统的水质稳定性问题，目前国内外均没有相应的标准，建议加强研究。

3.2.4 运行管理

做好人员防护是疫情期间保障供水安全的基础。在武汉封城的80多天中，武汉市水务集团采用了"安全模式"开展供水生产，通过分级分区防控，有效保障了员工安全和供水安全。

"安全模式"的内涵是分级隔离和全局管控。分级隔离指实行水厂与社会隔离、岗位隔离、驻地备勤隔离、居家备勤隔离四类分级分区防控措施，切断病毒传播途径；挑选"一专多能、一岗多效"的骨干进厂封闭运行，每批次封闭周期不少于14天，在确保实现安全保供目标的同时，降低人员聚集感染风险，降低生活资源消耗量和后勤保障工作量。在"安全模式"下，水厂基本切断外界主动联系，在降低风险的同时，简化和优化工作内容，保障正常生产，做好安全生产、水质管理、疫情防控、后勤保障、人文关怀五个方面地工作，实现了"水质一刻不能降""水量一滴不能少""员工一个不能倒"的目标。

3.3 典型案例：武汉市水务集团宗关水厂

3.3.1 宗关水厂概况

武汉市水务集团拥有宗关、平湖门、堤角、琴断口、白沙洲、余家头、白鹤嘴、金口、沌口、阳逻、蔡甸11座自来水厂，供水管网8100km，大型供水转压站16座。日综合供水能力428.7万t，服务面积约1600km²，惠及人口近800万人，涵盖武汉市主城区（青山区除外）及部分远城区。

其中，宗关水厂是目前武汉市规模最大水厂，位于汉口西南部汉江边。该厂建成于1906年，占地18万m²，至今已有115年的历史。宗关水厂现有总设计规模为89万m³/d，供水面积约84km²。宗关水厂主要工艺流程如图3-2所示。

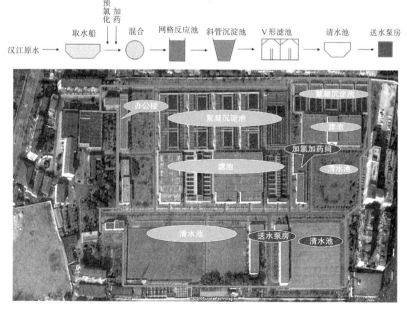

图3-2 武汉水务集团所属宗关水厂工艺流程和全图

3.3.2 宗关水厂原水水质情况

根据武汉市水务集团水质监测站提供的数据，宗关水厂汉江水源地水质较好，基本为二类水体，且水质比较稳定。如图3-3所示，2020年春季与2019年同期相比，水源水的高锰酸盐指数、五日生化需氧量、藻类浓度均有下降，水源水受生活污水影响的指示性指标——粪大肠菌群浓度也比去年同期有明显下降。

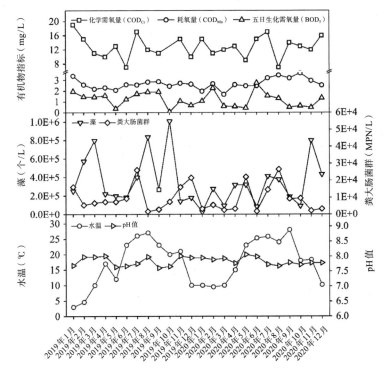

图3-3　宗关水厂水源水质月度变化（2019年1月～2020年12月）

3.3.3 宗关水厂微生物灭活能力保障

通过对宗关水厂的工艺评估，发现该水厂在清水池低水位的不利条件下，三个清水池的CT_{10}值最小值在24～68min.mg/L之间。也就是说，宗关水厂的主消毒工艺虽可以实现大于4log的肠道病毒灭活率，常规工艺可实现2log的肠道病毒去除率，但其CT_{10}值已接近23g/（L·min）下限值。该厂调高3号系列1期清水池水位运行，按照最低水位3m控制，使得1期清水池CT值从23.6mg/（L·min）提高到32mg/（L·min）左右，确保生物安全。除此之外，水厂实施预氯化，在工艺流程中始终维持消毒剂，也可以提供全流程病毒灭活效能（图3-4）。

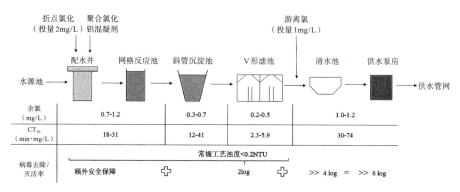

图3-4 宗关水厂各单元对病毒灭活能力情况评估

在武汉疫情最为紧迫时期，宗关水厂的出厂水一直全面达标。其中，2020年2月的出厂水中总大肠菌群、耐热大肠菌群、大肠埃希氏菌均为未检出；其他指标如浑浊度0.18NTU、余氯1.06mg/L、三氯甲烷0.045mg/L，均符合国家标准要求。

3.4 小结

"新冠"疫情暴发期，我国饮用水的水质优良，水质保障稳定。武汉市采取了系统和有效的措施，保障了供水安全和居民饮水需求，主要经验和建议如下：

（1）做好水业人员安全保护

实行分级分区隔离防控措施，切断病毒传播途径，做到从生产到生活、从值守到巡视、从厂到家、从身体到心理、从机关到班组的全局管控；严格落实环境消毒消杀工作，并对职工提供个人防护指导和健康状况跟踪，采用非接触式工作方式。

（2）开展风险应对能力评估

对于饮用水处理工艺，着重评估是否以多级屏障理念设计和运行，并明确供水系统的薄弱环节和最不利点。对于输配管网，着重评估管网供水压力及其保障水平、管网末梢消毒剂余量等。

（3）提升水厂风险应对能力

通过工艺挖潜和升级提升应对病原微生物风险的能力。工艺挖潜包括强化过滤或强化消毒、改善混合和絮凝的水力学条件、避免沉淀池短流并及时排泥、加强滤池反冲洗等。工艺升级包括采用机械混合和絮凝、V形滤池或煤砂双层滤池，有条件的地方，采用臭氧-生物活性炭或纳滤深度处理工艺，并采用组合消毒模式。

（4）加强加密全流程监测

强化水源地巡查和水质检测，加强上游医疗废水和生活污水等污废水排放口的排查与监测；强化滤后水浊度和颗粒数、各工艺单元出水消毒剂余量的在线监测；加密管网中消毒剂余量的检测点位和频次；加大水质在线仪表巡查维护频率，确保设备工况良好。

（5）建立疫情应急响应机制

完善应急供水相关法律法规，加强应急供水队伍建设；建立疫情背景下供水部门与健康卫生、环保、水利等部门的协作机制，健全统一高效的应急物资保障体系；加强涵盖从政府到供

水企业的应急预案建设；加强应急演练，强化水厂运行和管理
人员的风险意识。

参考文献

[1] US EPA. 2018 Edition of the Drinking Water Standards and Health Advisories Tables[Z]. EPA 822-F-18-001.

[2] 解跃峰，马军. 饮用水厂病毒去除与控制[J]. 给水排水，2020，46（3）：1-3.

[3] 王新为，李劲松，金敏，等. SARS冠状病毒的抵抗力研究[J]. 环境与健康杂志，2004，21（2）：67-71.

第4章 疫情下生活污水的
收集与处理

新冠疫情发生后，在分析致病性病毒危害及传播风险的同时，我国污水收集和处理系统分别在排水户、排水管网、提升泵站和污水处理厂等层面积极应对疫情可能产生的影响，主要措施包括遵循"源头严控、末端严防、中间不扰动"原则[1]、污水处理厂非特殊情况不过量投加消毒药剂，以及将操作人员的安全防护视为重中之重等。2020年，全国5000多座城镇污水处理厂均有效排除了多种不利因素维持正常运行，疫情并未对污水处理厂的运营造成负面影响；同时，我国排水行业有几十万一线从业人员，未见报道感染新冠病毒。鉴于未来人类和致病性病毒有可能处于长期共存状态，需针对污水收集和处理过程尚存在的问题，系统研究致病性病毒在城市水系统中的存活与迁移规律，优化城镇污水处理厂安全可靠的消毒技术体系，建立健全城市水系统应对突发公共卫生安全事件应急机制，进一步提升污水收集和处理系统对致病性病毒传播的应对能力。

4.1 污水收集和处理系统

人类在与自然做斗争的过程中，曾面临过一些致病微生物如霍乱、鼠疫等的肆虐，一度演变成了城市公共卫生安全事件，近现代城市水系统正是在应对此类事件基础上建立和发展起来的[2]。1853～1854年，一场霍乱席卷了整个伦敦，导致上万人死亡；1858年夏天，一股持续的热浪袭击了伦敦，这股热浪被称为"巨臭"。当时的泰晤士河俨然是一条露天的污水管道，河岸满是臭气熏天的淤泥，鱼类和植物已经不见踪影，淤泥散发出令人窒息的恶臭。伦敦市政工程委员会任命巴泽尔杰特为总工程师，委派他解决这一问题。巴泽尔杰特设计了一套全方位地下污水管道系统，治理杂乱肮脏的伦敦市。这一系统包括83英里的大型砖结构排水沟以及1100英里的小型街道排水沟，小型下水道最终流入大型主干道（图4-1）。接下来的十年中，伦敦完成了污水处理系统的建设。后来，这一系统成为西方世界城市的范本。即使1866年英格兰发生霍乱以及1891年源于汉堡的霍乱在德国、法国和英格兰境内蔓延，但均没有波及已经安装了污水管道的伦敦中心地区。排水系统作为城市水系统中一个重要组成部分，大大减少了水媒性疾病的传播。

图4-1　巴泽尔杰特和伦敦的下水道

约瑟夫·巴泽尔杰特（Joseph Bazalgette，1819～1891年）巴泽尔杰特出生于一个法裔家庭，在英国攻读土木工程专业。1891年，巴泽尔杰特与世长辞，享年72岁。巴泽尔杰特被授予了爵位，人们称他为历史上拯救生命最多的工程师。

4.1.1 我国污水收集和处理现状

城市污水收集与处理系统基础设施的功能在解决城市公共卫生安全事件基础上得到了不断完善，成为重大传染病疫情期间病毒防疫和传播控制的重要屏障，为社会公共卫生提供了重要保障，为显著提高人类生活质量和平均寿命做出重要贡献。

随着我国城镇化的快速推进，排水管网日渐完善，大量的污水处理厂应运而生。城镇污水处理厂采用吸附、降解和沉淀等物化和生化反应，将排水管网收集的污水中污染物有效去除，在应对人口快速增长带来的环境污染问题方面发挥了十分重要的作用，极大改善了城市水环境和水生态。依据《2019年全国城市建设统计年鉴》，我国排水管网（包括污水管道、雨水管道及雨污合流管道）总长度已达74.4万km，城市污水处理率从2001年的36.4%提高到2019年的96.8%，除海南省、西藏自治区、黑龙江省外，全国其他省、直辖市污水处理率均达到95%以上（表4-1）。根据全国城镇污水处理管理系统统计数据，我国城镇污水处理厂数量达到5773座，处理能力达2.29亿 m^3/d（截至2020年底）。

全国城市市政公用设施水平（2019年）　　　　表4-1

名称	人口密度（人/km^2）	人均日生活用水量（L）	建成区排水管道密度（km/km^2）	污水处理率（%）	污水处理厂集中处理率（%）
全国	**2613**	**179.97**	**10.50**	**96.81**	**94.81**
北京	1137	168.52	6.66	99.31	97.00
天津	4939	111.25	18.82	95.97	95.30
河北	3063	120.72	8.78	98.34	98.28
山西	3804	121.63	7.07	95.78	95.78
内蒙古	1820	104.91	9.38	97.41	97.41

续表

名称	人口密度 （人/km²）	人均日生活用 水量（L）	建成区排水 管道密度 （km/km²）	污水处理率 （%）	污水处理厂 集中处理率 （%）
辽宁	1807	148.65	7.25	96.20	96.00
吉林	1885	120.90	6.10	95.19	95.19
黑龙江	5498	126.83	6.76	92.78	90.34
上海	3830	207.51	17.57	96.27	93.65
江苏	2221	217.15	14.08	96.14	89.54
浙江	2064	217.72	13.97	96.95	93.50
安徽	2663	194.49	13.35	97.06	93.41
福建	3193	208.76	10.12	95.25	92.84
江西	4226	174.58	10.28	95.39	94.27
山东	1665	125.54	11.81	97.99	97.48
河南	4850	133.88	8.73	97.72	97.71
湖北	2846	190.76	9.99	100.26	95.67
湖南	3265	216.56	9.38	97.09	95.27
广东	3859	240.82	10.46	96.72	96.51
广西	2097	269.26	10.97	97.47	88.64
海南	2352	296.09	14.26	93.71	92.87
重庆	2012	167.94	12.96	97.19	97.01
四川	3045	208.24	10.92	95.29	91.71
贵州	2222	175.88	8.07	96.84	96.84
云南	3133	149.78	11.14	95.73	95.06
西藏	1671	303.14	3.33	94.94	94.94
陕西	5140	150.65	7.07	95.54	95.54
甘肃	3260	138.40	7.40	97.11	97.11
青海	2958	132.77	14.58	95.15	95.15
宁夏	3059	154.10	4.32	95.85	95.85
新疆	4187	170.72	6.08	97.81	97.60
新疆生产 建设兵团	1763	220.03	4.23	98.46	98.46

数据来源：http://www.mohurd.gov.cn/xytj/tjzljsxytjgb/jstjnj/w020201231224852714
23125000.xls。

4.1.2 致病性病毒在排水系统中的传播及控制

2020年初疫情对生活污水的收集与处理系统带来一定影响，主要体现在应对疫情而使用的大量消毒剂对城市排水和污水处理系统的冲击以及污水收集与处理系统从业人员所面临的致病性病毒感染风险。

首先，为防止疫情传播，在疫情重点区域，使用大量含氯消毒剂对医疗废水进行消杀处理，导致医疗废水收集和处理系统中消毒剂浓度增加。同时，对疫情重点区域的居民区、公共区域进行杀菌消毒，也会造成一定量的消毒废水进入排水管网，导致进入污水处理厂的余氯含量增加。此外，污水处理厂自身也针对此次疫情强化了消毒措施，导致污水处理厂消毒后的出水可能含有一定消毒剂（即余氯）进入环境水体甚至水源地（图4-2）。余氯具有高反应活性，会与受纳水体中的有机物和无机物发生化学反应，生成具有潜在毒性的副产物，部分消毒副产物具有细胞毒性、神经毒性、基因毒性以及致癌、致畸、致突变的潜在三致特性。因此，有必要明确消毒药剂的合理使用量。

图4-2　疫情期间消杀（图片源于网络）

其次，一些研究及监测数据表明，呼吸道病毒可以通过多种途径进入下水道，在污水中长时间保持感染能力，并可以随气溶胶进行跨介质传播[3～6]。污水处理厂中生物气溶胶主要分散在污水和污泥（絮状活性污泥）中，具体表现为：①在格栅间和沉砂池中，由于跌水、激荡、扰动等可能会导致微生物逸散而形成生物气溶胶；②污水生物曝气时大量的气泡破裂将释放水中的生物性物质并形成生物气溶胶；③经生物处理段大量繁殖的微生物，最终凝聚成絮状活性污泥（剩余污泥）进入污泥脱水车间，污泥中的微生物可能会以气溶胶的形式扩散到周围空气中，形成微生物气溶胶。

研究表明，在污水处理厂的每个工艺段均有可能有生物气溶胶的释放问题，且不同类型处理工艺释放的生物气溶胶浓度和类型也存在着一定差异[7]（表4-2）。整体而言，生物处理工艺段及污泥脱水浓缩工艺段的微生物气溶胶浓度较其他工艺段高，是生物气溶胶污染物的重要释放源。

市政污水处理厂不同处理构筑物产生的生物气溶胶种类及浓度[7] 表4-2

污水处理厂地点	主要处理工艺	污水日处理能力（m³/d）	采样点布设	生物气溶胶种类及浓度（单位：CFU/m³）		
				细菌	真菌	放线菌
鄂尔多斯	氧化沟	6万	格栅间	1200	120	380
			配水池	1800	160	500
			氧化沟	4400	6	350
			二沉池	4500	170	600
			污泥脱水间	7600	970	530
兰州	生物循环曝气活性污泥法（AAO）	20万	格栅间	852-5792	14-88	—
			曝气池	527-2293	21-117	—
			污泥脱水间	2912-9367	7-81	—

污水处理厂地点	主要处理工艺	污水日处理能力（m³/d）	采样点布设	生物气溶胶种类及浓度（单位：CFU/m³）		
				细菌	真菌	放线菌
华北地区	活性污泥法	40万	格栅间	1177	487	—
			沉砂池	460	523	—
			生物反应池	270	80	—
			出水口	573	213	—
			污泥浓缩池	1697	930	—
西安城东	氧化沟MSTP系统	20万	氧化沟	—	2156±119	
			二沉池	2755±212	850±41	949±12
			出水口	1696±96	822±70	902±54
			污泥脱水间	7866±970	—	2139±229
北京	A/O，转刷曝气	4万	格栅间	9400	600	—
			曝气池	86000	22000	—
			污泥浓缩池	680	820	—
			污泥脱水间	35000	1100	—
北京	AAO，水下气泡曝气		格栅间	852-5792	14-88	—
			曝气池	527-2293	21-117	—
			污泥脱水间	2912-9367	7-81	—
北京	AAO	20万	格栅间	510-2144	—	—
			曝气沉砂池	257-4012	—	—
			初沉池	779-2208	—	—
			化粪池	1062-4878	—	—
			曝气池	1104-2399	—	—
			二沉池	60-81	—	—
			污泥脱水间	58-152	—	—
合肥	氧化沟		格栅间	228±37	—	
			生化反应	846±53	—	
			池污污泥脱水间	141±15	—	

续表

污水处理厂地点	主要处理工艺	污水日处理能力（m³/d）	采样点布设	生物气溶胶种类及浓度（单位：CFU/m³）		
				细菌	真菌	放线菌
西安	Orbal氧化沟	10万	氧化沟2m	4168 ± 263	—	—
			氧化沟5m	2422 ± 132	—	—
			氧化沟10m	1929 ± 98	—	—
长三角区域	SBR	55万	粗格栅间	102-970	—	—
			生化池	339-747	—	—
			污泥脱水间	605-1525	—	—
			生物除臭反应器排气口	177	—	—

由于致病性病毒存在气溶胶传播和粪口传播等可能性，经过排水管网进入污水处理厂的污水，极可能产生因病毒暴露而导致操作人员感染和受纳水体污染等风险，因此也给疫情防控期间生活污水的收集与处理带来新的挑战。

2020年5月，住房和城乡建设部正式印发了《重大疫情期间城市排水与污水处理系统运行管理指南（试行）》[8]。指南系统总结了非典型性肺炎和新型冠状病毒肺炎重大疫情期间各地的运行管理经验，提出了重大疫情期间城市排水与污水处理系统从业人员的安全防护要求和城市排水管网、提升泵站、污水处理厂、公共场所等的运行管理措施。该指南为城市排水与污水处理系统在重大疫情期间的人员防护和设施安全运行管理工作提供指导，同时对城市排水与污水处理系统的日常运行管理与职业健康保护水平提高也具有较好的促进作用。

4.2 疫情对生活污水收集系统的影响与应对措施

COVID-19病毒作为一种呼吸道病毒，目前人们对其传播途径和方式的认识尚不全面，可能存在随唾液、粪便以及尿液等人体排泄物进入下水道，并且在一段时间内赋存于污水中并保持感染能力的可能性[7]。因此，需进一步明确污水收集和处理系统存在传播风险的地点，并采取预防性的应对措施，阻断病毒在下水道的传播，为应对未来城市病毒传播发挥屏障作用。

4.2.1 污水收集系统中病毒传播风险

城市排水收集系统主要涵盖建筑排水设施（厕具和化粪池）、排水管网（雨水和污水管网）、提升泵站等单元。城市排水收集系统存在一定的开放性和复杂性，以及设施工艺本身的局限性，可能导致系统运行过程存在病毒传播的隐患，其中污水管道井跌水、管网污水溢流、泵站提升等过程产生气溶胶，均可能增大病毒传播风险。

城市排水收集系统致病性病毒暴露途径主要包括直接接触和气溶胶吸入两种（图4-3），其侵染可能有以下途径：（1A）粪便、尿液和呕吐物中排出的病毒进入污水系统，厕所冲水或室内管道系统出现问题可能会形成载有病毒的气溶胶，导致人体暴露；（2B）病毒通过市政污水系统输送到污水处理厂（WWTP），排水与污水处理系统从业人员可能会感染传染性病毒；（3C）潜在的污水溢出事件导致未经处理的污水中的传染性病毒释放到地表水中；（4D）进入污水处理厂的病毒要经过物理、生物和化学处理过程，污水处理厂的员工可能会接触未经处理和处理过的污水中存在的致病性病毒；（5E）经处理后达标排放的污水可能残存病毒，并被排放至地表水中；（6F）污水处理厂产生的固体废弃物通过土地利用方式得到处置，与此类固体废弃物紧密接触的人员可能会接触到其中残存的病毒；（7G）人类可能在具有病毒的受纳水体中从事休闲娱乐活动；（8H）污水管泄漏会导致地下水分配系统受到污染；（9I）自来水厂进水中可能含有致病性病毒，通过物化处理方式可以去除包括病毒在内的污染物；（10J）用户暴露于病毒之下。通过上述途径，从业人员直接接触含有病毒的管网污水，其自身存在被感染的风险；另一方面，确诊患者、疑似病例的粪便排泄物在输送过程中可能产生气溶胶扩散传播风险，如从业人员和公众不慎吸入气溶胶，会产生一定的健康风险。

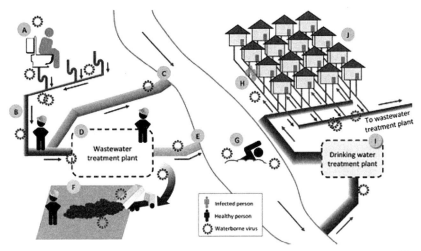

图4-3　致病微生物在城市水系统中的迁移轨迹及人暴露风险点[57]

2020年2月1日，生态环境部办公厅下发《关于做好新冠肺炎疫情医疗污水和城镇污水监管工作的通知》（环办水体函〔2020〕52号）[9]，要求严格按照《医疗机构水污染物排放标准》GB 18466—2005，参照《医院污水处理技术指南》（环发〔2003〕197

号）、《医院污水处理工程技术规范》HJ 2029—2013、《新型冠状病毒感染的肺炎传染病应急医疗设施设计标准》T/CECS 661—2020及《新型冠状病毒污染的医疗污水应急处理技术方案（试行）》等有关要求，对污水和废弃物进行分类收集和处理，确保稳定达标排放，对没有医疗污水处理设施或污水处理能力未达到相关要求的医院，应督促其参照《医院污水处理工程技术规范》HJ 2029—2013及《医院污水处理技术指南》（环发〔2003〕197号），因地制宜建设临时性污水处理罐（箱），采取加氯、过氧乙酸等措施进行杀菌消毒。

疫情期间，为从源头上阻止病毒进入城市排水系统，应在医院废水处理阶段严格控制病毒的灭活。不过，由于排水管网并非是一个完全封闭的系统，管网中可能会有一些不可预见的突击排放，因而就增加了分散的携病毒粪便进入排水系统的可能。因此，城市排水管道可能会有潜在的病毒安全风险。

4.2.2 污水收集系统病毒传播风险与应对措施

为应对污水收集系统在疫情期间可能存在的风险，加强对城市排水管网（含泵站）的全线梳理，主要从三方面采取措施予以防范：首先，排水户。着重提高源头收集率；重点区域如定点诊治医院、临时诊治医院及临时隔离场所排水必须经过安全消毒后方可排入市政排水管网。其次，排水管网。保持管网系统的管道畅通和低水位运行；疫源地或疫情严重区域存在高病毒传播风险情况下，合流制管网、雨污混接严重区域管网的溢流污水原则上需消毒后排放；疫源地或疫情严重区域暂停常规管道清疏、管道修复、化粪池/检查井清掏等需要长期接触污水和公共场所的外业作业工作，并尽量减少或停止下水道养护操作和施工作业。再者，排水泵站。管网沿线的提升泵站应封闭管理。

（1）城镇排水户排水行为管控

为确保污水全面系统收集，应更加重视排水管网等收集系统的全覆盖，着重提高源头城镇污水的实际收集率，最大限度地避免污水进入周围环境，降低公共卫生安全风险。

在疫情期间，重点区域如定点诊治医院、临时诊治医院及临时隔离场所排水必须经过安全消毒后方可排入市政排水管网。对临时诊治医院、临时隔离点的排水消毒，在条件具备的情况下应采用规范一体化处理装置或装备进行集中处理，不具备一体化处理装置的情况下可使用含氯消毒剂直接在化粪池或排水集水池内进行预消毒。

疫源地小区无确诊病例的排水一般不需采取消毒措施，重点地区、多病例集中暴发小区的排水可在化粪池内采取适当措施适度消毒。

（2）排水管网运行管理

疫情防控期间，为确保排水管网的安全运行，应保持管网系统的管道畅通和低水位运行，减少运行调度过程的水量波动。

在疫源地或疫情严重区域存在高病毒传播风险情况下，合流制管网、雨污混接严重区域管网的溢流污水原则上需消毒后排放。雨污分流完好的区域管网应保证雨水管网畅通，雨水排放口无须采取消毒措施。

疫源地或疫情严重区域暂停常规管道清疏、管道修复、化粪池/检查井清掏等需要长期接触污水和公共场所的外业作业工作，并尽量减少或停止下水道养护操作和施工作业。

高淤积或堵塞管段，应提前预警巡查；合流管段或雨污混接严重管段在雨季前应及时疏浚污水管网。

雨季前及时疏浚下水道，疏浚过程尽量采用机械设备完成，最好采用负压密闭系统装备完成所需疏通工作，并做好安全防护措施；调整中间泵站和污水处理厂运行模式，使排水管渠保持低水位运行；保持化粪池井盖、窨井盖、检修井盖的封闭，避免污水管道漫溢。

对封闭散发臭气的化粪池或检查井、管网臭味逸散点等可能存在气溶胶暴露风险点，需及时采取封堵等防控措施，并应设置行人绕行标识。

（3）提升泵站运行管理

疫情期间，管网沿线的提升泵站应封闭管理，疫源地或疫情严重区域暂停常规泵站巡视、清淤等作业。

运行人员以值班室远程控制为主，提升泵站可充分利用视频监控、自动控制、远程监测等技术手段进行运行监管，尽量减少进入泵站生产区的频次，降低污水、污泥接触风险。提前预警设备故障，并做好泵站周边的消毒管理工作。

正常运行的或不存在高病毒传播风险的提升泵站一般不需对传输污水进行消毒，同时应避免管网中途泵站过度消毒。有条件时在可能存在接触或吸入气溶胶风险的泵房区域增设紫外线等消毒设备，定期进行消毒处理。

污水提升泵站封闭空间建有臭气处理系统的，应确保产生的臭气经抽吸及多级处理后高空排放；未建除臭系统的，应开放空间加强通风，避免人员接近封闭空间。

做好提升泵站栅渣的日常清理和作业人员安全防护。

（4）管网运行事故应急处理

根据疫情、物资供应和储备、场地条件及气象条件等情况，因地制宜进行应急处理。对发生严重冒溢、确切需进行应急排水设施清疏的，在做好必要的防控措施前提下，及时安排应急抢修队伍进行维护和清疏。

排水管渠各类作业应以机械、水力为主，非特殊情况下不再组织人员下井作业。

疫情发生区域内出现排水管网事故的场所，在进行作业前，应对设施或检查井、管道的内壁进行消杀。

下井作业人员应严格执行《城镇排水管道维护安全技术规程》CJJ 6—2009及其他有关规定，满足下井作业防护标准的供压缩空气的隔离式防护面具的防疫需求。

应急抢险或施工作业完成后，应使用消毒剂对作业车辆、用具和周边可能存在污水污染的区域进行彻底的喷雾消毒，有条件时应在喷雾消毒前用清水冲洗，冲洗水应直接排入污水井或污水管道，不得留在地面。

应急事故处理期间所产生、清出的管道污泥及各种废弃物，应及时喷洒消毒剂进行消毒处理，清理出来的固体废弃物必须及时用密闭运输车辆运送到符合相关规定的处置场所进行妥善处置。

（5）管网运行管理过程产生固体废弃物处理

疫情期间化粪池污泥、格栅渣和臭气处理过程吸附饱和的活性炭等固体废弃物，需喷洒消毒剂进行消毒。消毒后应进行妥善处理和处置，用密闭运输车辆运送到合乎相关规定的场所予以最终处置。

管网清通过程需对沉积物在管网原位进行预消毒，清除后的贮存池容器内需采取搅拌措施进行强化消毒。化粪池或管道内沉积物在条件允许情况下可优先采用加热处理或碱处理消毒方法。

管道沉积物脱水处理须密封进行，尽可能采用离心脱水装置，并对气体进行抽吸消毒处理，脱水后的管道沉积物应密闭封装、运输。

（6）设施设备安全运行风险防范

所有排水管网运行维护设备安全要求和措施均应符合《污水处理设备安全技术规范》GB/T 28742的相关规定。

现场制备消毒剂的房间应做好连续通风，防止爆炸风险事故的发生。

使用液氯消毒时，应设置液位控制仪对消毒接触池液位和氯溶液贮池液位指示、报警和控制，同时设置氯气泄漏报警装置，并应按《氯气安全规程》GB 11984—2008的要求编制应急预案。

废气应经抽吸及多级消毒处理后进行高空排放。

4.3 疫情对生活污水处理系统的影响与应对措施

新冠疫情期间，医疗机构、居民区为了加强消毒而使用的大量消毒剂，最终经市政污水管网进入了污水处理厂，导致进入污水处理厂的污水可能含有过量余氯，从而降低或抑制活性污泥活性，影响污水的生物处理效果[10]；另外，污水处理厂为了确保出水粪大肠菌群数指标达到《城镇污水处理厂污染物排放标准》GB 18918—2002的要求，同时也由于事发突然、对病毒在污水中赋存情况的不明确而导致的担忧，使各地污水处理厂不同程度地加大了尾水消毒剂剂量，造成消毒成本的增加，导致过量消毒剂对排放水体的生态安全造成一定的影响。

2020年2月，全国136座城镇污水处理厂调研结果显示[11]，采用次氯酸钠和二氧化氯作为消毒剂的污水处理厂数量占调研总量的91.6%，72%的污水处理厂有效氯投加量为1～4mg/L，14%的污水处理厂有效氯投加量过高，超过了6mg/L；消毒接触时间≥30min的污水处理厂仅占43%，消毒接触时间≤10min和≤2min的污水处理厂分别占28%和17%；此外，50%的污水处理厂未对消毒后的总余氯含量进行测定，在已检测该指标的污水处理厂中，总余氯浓度≥0.20mg/L的占70%。鉴于目前我国城镇污水处理厂在运行管理等方面还存在较大的差异，因此有必要尽快出台相关标准、规范，用以指导城镇污水处理厂的消毒设施科学运行。

城镇污水处理厂在疫情期间应确保稳定运行，一般不需要采取其他强化处理措施，稳定运行就是最重要的防控。建设标准较低、缺少深度处理设施的少数小型城镇污水处理厂，可视情况适当增加投药量，增强消毒效果，但要关注消毒药剂对受纳水体水生生物的影响。此外，为了降低潜在病毒感染的风险，新冠疫情严重时期还需对污水处理厂办公楼、进水泵房、格栅等构筑物及设施进行消毒。

4.3.1 污水处理系统病毒传播风险

新冠疫情期间，污水处理与收集系统存在一些共性的传播风险，但城镇污水处理厂自身具备一定的病毒去除能力[5]。一般而言，初级沉淀池病毒去除率为0～1log，传统活性污泥法和生物滤池对病毒去除率为0～1log，氧化沟工艺中病毒去除率为1～2log，氯或臭氧消毒对病毒去除率（含消毒接触池）可达到1～4log。我国较普遍采用了氧化沟和活性污泥法，新建污水处理厂较多地采取了混凝、沉淀或过滤工艺。总体上易于达到病毒4log以上的去除能力（表4-3）。因此，在污水处理过程中，包括COVID-19病毒在内的绝大多数病毒都可去除，但未经完全消毒的出水仍有可能存在病毒传播风险。因此，污水处理厂出水应严格消毒，执行《城镇污水处理厂污染物排放标准》GB 18918—2002对粪大肠菌群数限值的要求。

市政污水深度处理对病毒的去除效果[5]　　　　表4-3

处理工艺	去除效果/lg	备注
絮凝	1.0～2.9	投加铝盐、铁盐
微滤	0.2～5.1	混凝—微滤处理效果提升
超滤	＞3.0	再生水主流工艺
纳滤	＞5.4	/
反渗透	＞6.5	/

4.3.2 污水处理系统病毒传播风险的应对措施

疫情期间，家庭、社区等排水户所产生的污水，包括医院污水，都会直接或间接通过下水道进入城镇污水处理厂，因此，污水处理厂是全社会疫情防控的关键环节。城镇污水处理厂应在疫情等不利条件下确保正常稳定运行，同时确保运行从业人员安全。为应对污水处理系统在疫情期间可能存在的风险，应加强污水处理厂运行管理，采取如下措施予以防范[12]：

（1）跟踪水量水质数据，确保正常运行

污水排放受人员流动影响较大，其排放量也无一定规律。因此，污水处理厂应密切关注水量变化，及时投入与水量相匹配的设施设备，确保运行稳定。

疫情期间，公共场所和家庭往往存在过量投加含氯消毒剂的现象，污水处理厂进水中如存在过量余氯，将可能降低或抑制活性污泥的活性，影响生物处理单元的正常运行。对于接纳较多医疗污水的小型城镇污水处理厂，应予以高度关注。好氧生物处理既是去除黑臭污染物质的核心单元，也是去除、杀灭或抑制病原微生物的最重要环节，必须采取一切措施优先保证好氧生物处理系统的稳定运行。在污水生物处理单元运行稳定的前提下，消毒单元应保持正常运行，出水水质严格执行《城镇污水处理厂污染物排放标准》GB 18918—2002中卫生学指标的要求，非特殊情况无须过量投加消毒药剂。

（2）做好人员安全防护，保障安全生产

COVID-19病毒的传播途径及归趋机制目前尚不完全清晰，但绝大多数病原体通常都可在下水道传播，并存在通过气溶胶在一定空间内传播的可能。因此，加强污水处理厂现场运行操作人员的安全防护是重中之重。全厂各岗位操作人员均应按要求佩戴口罩、手套等防护用品，作业完毕后应及时全面清洗消毒。应特别注意：污水提升泵站以及格栅间和沉砂池（尤其是曝气沉砂池）等预处理单元是污水处理厂的高风险场所，在这些场所巡视或操作时应提高防护等级，除口罩和手套以外还必须佩戴护目镜；进入封闭的预处理车间进行较长时间操作时，建议着防护服并佩戴呼吸器。

（3）做好物资储备和管理，保障供给充足

定期查验防疫物资的使用和储备情况，确保口罩、手套、防护帽、护目镜、工作服、测温设备、医用酒精、洗手液等防疫物资储备充足。定期查验生产物资的使用和储备情况，积极联系生产物资的供货厂家，确保所需物资保障。适当储备一定量常用药剂，应对道路运输中断等突发状况。出现防疫物资紧缺时，积极通过政府有关部门协调解决。酒精、含酒精的洗手液以及含氯消毒液等日用化学品应密封储存于阴凉通风处，远离火种、热源、易燃物，避免阳光直射。酒精及含酒精消毒用品不可与含氯消毒液一同使用。

4.3.3 疫情下生活污水处理厂消毒设施的运行与优化

当前我国城镇污水处理厂消毒设施所采用的消毒方式多种

多样，但应用最为广泛的消毒方式是加氯消毒（次氯酸钠和二氧化氯）。不过，当前我国部分城镇污水处理厂无接触消毒池，消毒剂与污水的接触时间较短，无法充分发挥消毒作用，还导致药剂投加量偏高。因此，各污水处理厂可根据自身特点采取不同的消毒设施优化方案[13]。

（1）优化消毒方式

短波长紫外线（UVC）范围内的紫外线辐射（200～280nm）可以有效灭活多种微生物，包括病毒、细菌和原生动物等。不过，紫外消毒持久性差，因此，应结合已有设施的紫外线剂量范围，进行不同时间、不同水量条件下的粪大肠菌群光复活率实验，确保实现出水的稳定达标排放，如无法满足实际需求，应考虑设置其他消毒方式作为补充；使用二氧化氯消毒时，其消毒效果受有效氯含量影响较大，因此，建议对比设备厂家提供的有效氯数据和实际在污水消毒中可发挥作用的有效氯数据的差别（如设备效率、检测时不同pH的影响等），加强二氧化氯发生设备的维护保养，并确保有可正常运行的备件，在确保出水粪大肠菌群数达标的情况下，尽量降低药剂的投加量，减少余氯对受纳水体的影响；在深度处理末端已设置了芬顿、臭氧等高级氧化工艺的城镇污水处理厂，且出水粪大肠菌群数稳定达标的情况下，可不另外单独设置消毒处理单元；消毒前端采用膜处理工艺的污水处理厂，因膜对病原微生物具有截留作用，可根据试验结果相应减少消毒药剂投加量。

（2）调整消毒参数

应控制加氯消毒接触时间≥30min，条件受限的污水处理厂应尽量控制接触时间≥15min，在冬季气温较低时可适当延长接触时间；对于一些消毒前端采用高级氧化或MBR等工艺的污水处理厂，可在充足接触时间的条件下，根据实际情况适当减少消毒药剂的投加量；对于无法改变接触时间或通过管道混合的污水处理厂，则需根据实际情况，通过试验来确定具体的投加量，同时关注出水端余氯浓度。

由于受进水水质、水量、粪大肠菌群数、接触时间和水温等因素影响，消毒药剂投加量会有所差异，各厂应关注药剂投加量，定期检测粪大肠菌群数等指标，掌握药剂投加量与相关因素的关系，及时调整加药量（图4-4）。

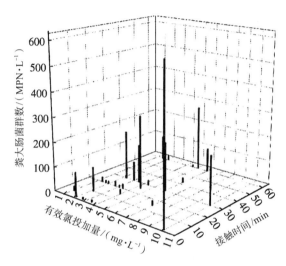

图4-4　粪大肠菌群数与接触时间和有效氯投加量的关系[11]

（3）控制加氯量

加氯消毒后的污水如果余氯含量过高，排入自然水体后，会对受纳水体中鱼类和水生生物造成毒性影响，因此，必须对排入水体的尾水余氯量进行严格控制。美国国家环保局规定尾水中总余氯应小于0.011mg/L，而我国暂无相关标准。调研数据表明，我国部分城镇污水处理厂出水总余氯浓度在0.20mg/L以上的达到70%，远远高于国外相关标准。

因此，建议我国城镇污水处理厂优先确保出水粪大肠菌群数达标，在此基础上，再尽量减少消毒药剂投加量，从而降低出水余氯浓度，避免对受纳水体生态环境产生影响。城镇污水处理厂应加强游离氯、总余氯及粪大肠菌群数等指标的检测。可在各工艺段增加余氯的监测，并根据余氯调整工艺参数；同时，宜对污泥的活性进行观测或监测，如生物相观测、活性污泥的比耗氧速率（SOUR）测定等，并根据余氯对污泥活性的影响状况，及时调整工艺参数或采取相应对策。

4.4 小结

自2020年2月生态环境部办公厅下发《关于做好新冠肺炎疫情医疗污水和城镇污水监管工作的通知》（环办水体函〔2020〕52号）和2020年5月住房和城乡建设部正式印发《重大疫情期间城市排水与污水处理系统运行管理指南（试行）》等文件以来，全国排水行业主管部门及水务单位积极响应，认真执行，在保证排水管网和处理系统设备实施正常运行、污水处理厂出水稳定达标的基础上，积极采取措施做好从业人员安全防护工作。2020年，全国5000多座城镇污水处理厂均能排除各种不利因素保持正常运行，每天产生的两亿多吨污水都能得到正常处理，根据全国城镇污水处理管理系统统计数据，与2019年我国城镇污水处理厂平均出水污染物指标数值相比较，2020年出水指标COD、BOD、SS和TP数值均降低10%，氨氮和TN指标分别降低了27%和4%，高品质的出水对我国水环境的改善做出了巨大贡献。同时，根据新闻媒体、网络资料和污水处理厂厂长群平台调研，截至2021年4月，我国排水行业的几十万一线从业人员，均未见感染新冠病毒的报道。

参考文献

[1] 王洪臣. 关于疫情防控期间医疗污水和城镇污水处理若干问题的建议 [J]. 给水排水, 2020, 46 (3): 35-40.

[2] 张怀宇, 马军, 李敏, 等. 城市水系统公共卫生安全应急保障体系构建 与思考 [J]. 给水排水, 2020, 46 (4): 9-19, 24.

[3] 李玉国, 程盼, 钱华, 等. 新型冠状病毒的主要传播途径及其对室内环 境设计的影响 [J]. 科学通报, 2021, 66 (4-5): 417-423.

[4] 孙勇, 李建华. 新冠肺炎疫情期间的城市排水管网防控措施分析 [J]. 能 源环境保护, 2020, 34 (3): 98-104.

[5] 王连杰, 李金河, 郑兴灿, 等. 城镇污水系统中病毒特性和规律相关研 究分析 [J]. 中国给水排水, 2020, 36 (6): 14-21.

[6] 张莹, 袁悦, 王磊磊, 等. 新冠肺炎疫情期间城镇污水系统应急管理与 防护 [J]. 城市道桥与防洪, 2020 (3): 1-3.

[7] 刘曼丽, 熊红松, 马民, 等. 市政污水处理厂中生物气溶胶污染物的排 放和微生物定量风险评价 [J]. 给水排水, 2020, 46 (Z): 567-575.

[8] 住房和城乡建设部. 重大疫情期间城市排水与污水处理系统运行管理指 南（试 行）[EB/OL]. [2020-05-19]. https://ebook.chinabuilding.com.cn/ zbooklib/bookpdf/probation?SiteID=1&bookID=131703.

[9] 生态环境部办公厅. 关于做好新型冠状病毒感染的肺炎疫情医疗污水和 城镇污水监管工作的通知 [EB/OL]. [2020-02-01]. http://www.mee.gov. cn/xxgk2018/xxgk/xxgk06/202002/t20200201_761163.html.

[10] 王毅, 李师, 王璐. COVID-19疫情期间污水处理厂的运维与应急设计 [J]. 供水技术, 2020, 14 (2): 50-56.

[11] 李激, 王燕, 熊红松, 等. 城镇污水处理厂消毒设施运行调研与优化策 略 [J]. 中国给水排水, 2020, 36 (8): 7-19.

[12] 王洪臣. 城镇污水处理厂疫情防控应急对策 [J]. 城乡建设, 2020 (4): 12-13.

[13] 住房和城乡建设部水专项实施管理办公室. 水专项成果专报: 新冠肺 炎疫情期间城镇污水处理厂加氯消毒设施运行建议 [R]. 2020.

第5章 疫情下医院污水处理与风险管控

5.1 全国医疗机构污水处理概况

5.1.1 全国医疗机构污水排放特征

2020年，全国共有医疗卫生机构约102.3万家[1]，其中医院约3.6万座（含公立医院1.2万、民营医院2.4万）、基层医疗卫生机构约97.1万个（含乡镇卫生院3.6万、社区服务中心/站3.5万、门诊部/所29.0万、村卫生室61.0万）、专业公共卫生机构约1.4万个（含疫病预防控制中心3384个、卫生监督所/中心2736个）（图5-1）。全年总诊疗数78.2亿人次，出院人数2.3亿人[1]。医疗卫生机构床位911万张（含医院713万、乡镇卫生院139万），病床使用率78%。

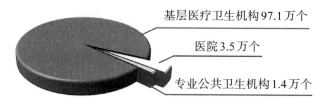

基层医疗卫生机构97.1万个

医院3.5万个

专业公共卫生机构1.4万个

图5-1 我国医疗机构的分布情况

医疗机构污水（简称"医院污水"）是指医疗机构门诊、病房、手术室、各类检验室、病理解剖室、放射室、洗衣房、太平间等处排出的诊疗、生活及粪便污水[2]。医院污水含有大量病原性微生物、寄生虫卵、病毒、重金属、消毒剂、有机溶剂、酸、碱和放射性等，水量大、稀释度高、悬浮物少、微生物多，具有空间污染、急性传染和潜伏性传染的风险，需要妥善处理[3]。

根据污染物来源，医院污水可分为传染病菌污水、放射性污水、一般带病菌污水、普通生活污水。医院污水中的污染物可分为物理残留物、化学物质和生物风险物。物理残留物通常指以I为主的放射剂，I在医院污水中的含量为 $15.0 \sim 61.8 Bq/L$[4]。化学物质主要为药物（如抗生素、止痛药、消炎药、镇静剂和β-阻断剂等）、麻醉剂、消毒剂、显影剂、造影剂的残留，以及检测和实验活动产生的化学物质等。生物风险物大多是来自病人体内的多种病原体微生物（如细菌、原生动物、蠕虫和病毒等）。

医院污水日排放高峰出现在上午和下午。年排放趋势呈现出明显的季节性，夏季排放量比其他季节高20%～30%[4]。大型城市医院污水日均排水量约为1000L/床，郊区和县城医院约为日均700L/床[5]。据现有公开数据估算，我国医院污水日均排放量为500万～700万 m^3。

新冠疫情期间的医院污水与常规医院污水存在不同特征，比如：生物风险物潜在传染性强、安全隐患高；污水和雨水中都含有传染性强和风险高的病毒；污水大多来自相似检测/就诊过程，水质较稳定、波动小；频繁消毒导致污水中消毒剂含量较高；对消毒、洗手、洗衣需求增加导致污水量增加[6]。这些特点要求加强疫情期间对医院污水处理系统的运行管理。

5.1.2　全国医院污水处理现状

我国医院污水处理的发展可分为稳步发展、高速发展和高质量发展三个阶段（图5-2）。

稳步发展阶段是建国初期到2003年，期间处理设施数量持续稳定增加。截至2003年，全国50床以上医院共计8515家，其中4935家设有污水处理设施，占总数的58%。医院污水排放总量为82.34万 m^3/d，实际处理量为67.95万 m^3/d，处理率82%，达标率为70.6%[7]。

高速发展阶段是2003～2018年，期间处理设施数量和总处理率均大幅度提高。截至2018年，一线城市医院污水处理率近100%。比如，2011年上海市闵行区29家医院污水处理率达100%[8]，2018年上海市青浦区95家医院污水处理设施运行率达到98.9%[9]。中小城市医院污水处理率稍低，如2018年昆明市173家医院污水处理设施运行率为91.3%[10]等。

高质量发展阶段是2018年至今，重点是提高处理设施达标率和应急运行能力。经过近20年的建设，全国各地医院污水处理设施覆盖率明显增加，基本满足了医院污水处理的需求。但是，各地医院污水处理的日常运行和达标情况还存在一定差异，其中余氯和微生物指标不容易稳定达到排放指标。此外，污水处理设施的灵活性不足、应急预案和处置能力较弱等，也需要进一步提升和改善。

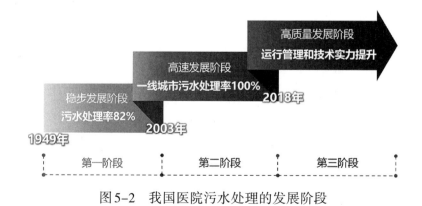

图5-2　我国医院污水处理的发展阶段

5.1.3 医院污水处理工艺及特征

医院污水需经分类预处理、消毒处理达标后方能进入市政污水管网。医院污水处理的工艺流程一般根据医院性质、规模和污水排放去向，兼顾各地情况合理确定。2005年制定的《医疗机构污水排放要求》GB 18466—2005明确规定了医院污水排放限值、处理工艺与消毒要求[11]。2013年颁布的《医院污水处理工程技术规范》HJ 2029—2013规定了医院污水处理工程的总体要求，并规范了工艺流程及技术参数、设备及材料、检测与过程控制、辅助设施设计、劳动安全与职业卫生、施工与验收，以及运行与维护等技术要求[4]。

（1）医院污水处理工艺

出水排入市政污水管网（终端已建有正常运行的二级污水处理厂）的非传染病医院污水，采用一级强化处理工艺（图5-3）[4]。

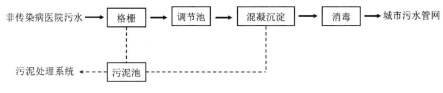

图5-3 非传染病医院污水一级强化处理工艺流程

出水直接或间接排入地表水体、海域或出水回用的非传染病医院污水，一般采用二级处理—（深度处理）—消毒工艺（图5-4）[4]。

对传染病医院污水，一般采用预处理—二级处理—（深度处理）—消毒工艺（图5-5）[4]。与非传染病医院污水处理工艺相比，传染病医院污水处理前必须经过预消毒，接触时间不宜小于0.5h，且采用氯消毒的工艺需要设有脱氯池。

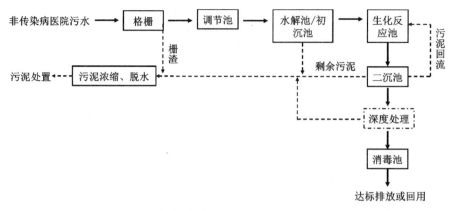

图5-4　非传染病医院污水处理工艺流程

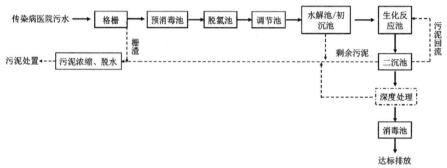

图5-5　传染病医院污水处理工艺流程

（2）医院污水处理技术特征

医院污水处理工艺主要包括预处理、二级处理（生化处理）、深度处理和消毒四个阶段。

预处理分为常规预处理和特殊性质污水预处理。常规预处理通常由格栅、预消毒池、调节池、脱氯池和初沉池组成。特殊性质污水预处理根据污水性质的差异，方法包括中和法、碱式氯化法、硫化钠沉淀+活性炭吸附法、化学还原沉淀法和过氧化氢氧化法等。

二级处理常采用生化处理，常见的生化处理工艺有活性污泥法和生物膜法。对于新建应急定点医院，一般采用生物膜法以快速启动生物反应器。

深度处理工艺一般采用高级氧化、活性炭吸附、膜过滤等。

消毒是保障医院污水出水病原体灭活的重要单元。可采用的消毒方法有液氯消毒、次氯酸钠消毒、二氧化氯消毒、臭氧消毒和紫外线消毒等[4]。

医院污水常用的消毒技术的对比如表5-1所示。

医院污水常用消毒技术的对比分析　　　　　表5-1

消毒剂类型	消毒原理	优势	不足	应用情况
液氯	氧化生物细胞中的酶并阻止蛋白质合成	成本低，操作相对便捷	产生消毒副产物；氯气腐蚀性强；杀菌效果不如二氧化氯	应用广泛
次氯酸钠		成本低，运行、管理无危险性	产生消毒副产物；杀菌效果不如二氧化氯	
二氧化氯		氧化能力强、杀菌效果好；消毒副产物产生量低	只能就地生产、就地使用；制取设备复杂；操作管理要求高	不如液氯和次氯酸钠应用广泛
紫外线	利用高强度紫外线破坏细菌和病毒的核酸结构	适用于对紫外线敏感的细菌、病毒等；无有害残余物质；操作简单，易实现自动化；运行管理和维修费用低	辐射强度受水中悬浮物影响较大；污水中部分病毒（如腺病毒等）对紫外线具有较强抗性，一些微生物存在光复活现象	单独使用时，消毒效果不理想，常与氯消毒、臭氧消毒等联用
臭氧	利用臭氧氧化细胞中的蛋白和核糖结构	氧化能力强，接触时间短；不产生有机氯化消毒副产物；能增加水中溶解氧	设备和运行成本较高；操作较复杂	应用尚少

含氯消毒剂在国内多数医院污水处理中应用广泛。例如，2015年江苏省无锡市16家医疗机构中有14家采用次氯酸钠溶液或粉剂消毒，出水合格率为99.8%（552例中551例合格）[12]；2013年上海市闵行区29家医疗机构均使用含氯制剂进行消毒[13]。

紫外线常与氯消毒、臭氧消毒等技术联用以增强消毒效果。

2020年江苏、浙江、上海和福建等地的56座水厂中有14座污水处理厂采用"紫外线+次氯酸钠"消毒,出水符合一级A标准[14]。2008年,在广州市60造词家医疗机构的103份处理排放污水样品中,有8份样品是采用"紫外线+氧化剂"的方式进行消毒处理,其中7份样品合格,出水合格率为87.5%[15]。

臭氧消毒设备和运行成本较高,在医院污水处理中应用尚少。截至2008年广州市共有5家医院使用臭氧消毒,出水合格率为61.5%(13例中8例合格)[16]。

疫情期间的医院污水消毒应特别重视传染性微生物的灭活效果。2003年非典期间某小区生活污水消毒的分析结果表明,含氯消毒剂对冠状病毒灭活效果较好[17]。2020年新冠疫情期间,多数医疗机构采用氯消毒和二氧化氯消毒的方式,通过提高余氯值来控制大肠杆菌指标,确保病毒去除效果。无锡市的9家医疗机构有7家采用10%(v/v)次氯酸钠消毒液、1家采用二氧化氯发生器、1家采用含氯消毒粉剂[15],其出水大肠杆菌含量均满足《新型冠状病毒肺炎防控方案》和《预防新型冠状病毒粪口传播卫生学指南(试行)》要求。

5.2 疫情下医院污水处理与应急管控

5.2.1 医院污水应急处理

(1)医院污水应急管控经验

技术规范和标准凝聚的长期经验,是医院污水处理应急管理的工作依据。行业规范文件和技术标准的编制、完善均立足于实践经验,并为医院污水处理设施的设计、建设和运行管理提供了有力指导。表5-2总结了自非典疫情以来国家部委及地方发布的有关医院污水处理的指导文件，其中包括生态环境部和湖北省住房和城乡建设厅于2020年2月发布的一系列技术导则。这些规范性文件对新冠疫情期间医院污水的应急管理起到了关键性的指导作用。

有关医院污水处理的行业指导文件和技术规范　　　表5-2

时间	发布部门	规范名称	特点
2003年4月30日	国家环保局	《"SARS"病毒污染的污水应急处理技术方案》（环明传〔2003〕3号）[18]	加强对医疗机构排放污水及垃圾处理处置的管理和指导
2003年12月10日	国家环保局	《医院污水处理技术指南》（环发〔2003〕197号）[19]	规范医院污水处理设施的建设和运行管理，保证医院污水达标排放，提高应对突发事件的能力
2006年1月1日	国家环保局	《医疗机构水污染物排放标准》GB 18466—2005[2]	规定医疗机构污水及污水处理站产生的废气和污泥的污染物控制项目及其排放限值、处理工艺与消毒要求、取样与监测和标准的实施与监督等
2013年7月1日	环境保护部	《医院污水处理工程技术规范》HJ 2029—2013[6]	规定医院污水处理工程的总体要求、工艺流程及技术参数、设备及材料、检测与过程控制、辅助设施设计、劳动安全与职业卫生、施工与验收、运行与维护等技术要求
2020年2月1日	生态环境部	《新型冠状病毒污染的医疗污水应急处理技术方案（试行）》（环办水体函〔2020〕52号）[20]	应对新冠疫情患者及治疗过程产生污水对环境的污染，规范医疗污水应急处理、杀菌消毒要求
2020年2月1日	生态环境部	《关于做好新型冠状病毒感染的肺炎疫情医疗污水和城镇污水监管工作的通知》（环办水体函〔2020〕52号）[20]	加强医疗污水和城镇污水监管工作，防止新型冠状病毒通过污水传播扩散

续表

时间	发布部门	规范名称	特点
2020年2月3日	湖北省住建厅	《呼吸类临时传染病医院设计导则（试行）》（鄂建函〔2020〕20号）[21]	借鉴武汉火神山、雷神山医院经验，指导湖北省各地应急临时传染病医疗机构的建设工作
2020年2月5日	湖北省住建厅	《方舱医院设计和改建的有关技术要求（中英文双语）》（鄂建函〔2020〕22号）[22]	指导湖北省各地区方舱医院的设计、建设和运行工作
2020年2月5日	湖北省住建厅	《旅馆建筑改造为呼吸道传染病患集中收治临时医院的有关技术要求》（鄂建函〔2020〕22号）[23]	指导旅馆建筑（包括宾馆、饭店、酒店、招待所、培训中心、疗养院、度假村等）改造为方舱医院的工作

  基础建设和应急施工成体系，是医院污水处理应急管理的硬件保障。在火神山、雷神山等应急医院的建设过程中，以中建三局为代表的基建团队展现了高超的设计建造能力和施工管理水平。应急医院建设项目覆盖基础工程、板房搭设等十几道工序，涉及土建、装饰、给水排水和消防等多个专业，施工管理难度大。中建三局采取"边沟通、边设计、边施工、边调整"的办法，通过最大限度采用预制成品场外拼装和现场整体吊装的方式，实现施工基建与设备安装的同步进行，确保了医院快速建成和投入使用。在施工高峰期，有7000余建设者在现场工作，投入大型机械设备和车辆近千台，实现24小时不间断施工。应急医院的整体结构以"肉眼可见"的速度迅速崛起，展现了令全世界惊叹的中国速度与基建力量。

  设施运行维护和联动监管，是医院污水处理应急管理的机制保障。应急医院污水处理设施一般采用临时性建筑和装备，缺乏运行管理人员，运行和维修维护难度大，因此在医院污水应急处理过程中，建立跨部门和高效率的运维监管机制极其重要。2020年2月1日，生态环境部发布《关于做好新型冠状病毒感染的肺炎疫情医疗污水和城镇污水监管工作的通知》(环办水体函〔2020〕52号）要求：加强医疗污水收集、污染治理设施运行、污染物排放等监督管理；加强与卫生健康、城镇排水等部门协调配合，健全联动机制[20]。为充分响应国家部委关于新冠医疗污水监管工作的要求，武汉市全方位对定点医院和方舱医院的污水出水口进行pH、余氯、COD等水质指标的自动检测，运行管理人员通过远程信息平台获取实时水质数据，及时调整消毒剂投加量，确保出水余氯等关键指标处理后达标。

（2）疫情下医院污水处理设施的设计与运维要点

疫情期间，传染病定点医院、新建定点医院、改造定点医院、方舱医院等诊断设施逐级启用。传染病定点医院具有完善的隔离和诊治能力，适合救治重症和急症患者；新建定点医院参照传染病定点医院的标准进行建设和运行，以缓解传染病定点医院的运行管理压力；改造定点医院是将不具备传染病收治条件的医院进行适当的病房改造和分区管理，以具备临时性收治重症和急症患者的条件；方舱医院是以解放军野战机动医疗系统为模板，充分利用既有建筑，利用较短的时间和较低的成本改造为临时收治场所，解决轻症患者的隔离和收治问题。

表5-3总结了上述四种不同类型医院的污水收集、处理和运行维护特点，并提出了运维的要点。在实际工作中，需要根据医院建筑、设施和人员等现状条件，有针对性地进行污水处理设施的设计、施工、运行和管理。

5.2.2 新建应急定点医院及其污水处理

（1）应急定点医院的建设要求

应急定点医院是为了预防和控制传染病而新建的临时性医

疫情下不同类型医院污水的收集、处理和运维特点　　表5-3

医院类型	污水收集	污水处理	运行维护	运维要点
传染病定点医院	传染病区污水单独收集并预消毒，然后与非传染病区污水混合后进入室外化粪池；雨水通过分流制系统管网排入地表水环境	化粪池出水进入二级生物处理设施，处理出水经消毒后，排入污水管网，进入市政污水处理厂	专职人员管理和维护室内和室外水处理设施，一般有余氯检测手段，调整消毒剂加药量	（1）加强余氯检测，调整加药量；（2）增加雨水系统的消毒措施
新建定点医院	根据传染病医院的标准，建设独立的雨水和污水的收集处理单元及设施，在院内进行预消毒后，再排入化粪池	新建污水处理单元，从化粪池取水进行二级生物处理，出水消毒后排放进入市政污水处理厂	临时配备专职人员对设施进行运行和管理	（1）选择易于启动的生化处理工艺；（2）雨水应消毒后排放
改造定点医院	利用建筑内已有排水系统收集雨水和污水，使用院内预消毒单元进行消毒后，再排入化粪池	化粪池出水进入二级生物处理设施，处理出水经消毒后，排入污水管网，进入市政污水处理厂	可能需要补充室外污水处理设施的专职运行人员	（1）在病区污水收集源头加强预消毒；（2）雨水应消毒后排放
方舱医院	利用已有的建筑内排水系统收集雨水和污水，进入化粪池	临时性污水罐（箱）储存和稳定化污水后消毒，或化粪池多点投加消毒剂消毒；再排入污水管网，进入市政污水处理厂	需要补充临时设施的运行管理人员	（1）排水管道系统应进行密封管理；（2）根据医院负荷合理调整加药点和加药量

院，其建设标准与传染病专科医院相同，具备传染病救治的全部功能。我国应急定点医院的设计和运行起源于2003年非典时期建设的北京小汤山医院。在新冠疫情期间，在武汉火神山、雷神山医院的设计和建设过程中，形成了鱼骨型布局的设计共识[24, 25]，探索出"模块化设计、标准化生产、装配式施工"的管理模式。后续在深圳、西安、珠海等地建设的应急定点医院也

都采用了相似的设计形式和管理模式，并有了进一步的发展[26]。比如，珠海的应急定点医院首次采用了钢筋混凝土结构，9天内完成主体结构施工，可以永久使用且抗台风；远大可建公司开发的传染病应急医院高度集成模块系统，可大幅度简化现场吊装的工作量[27]。应急定点医院的建设在抗击疫情中发挥了中流砥柱的关键作用。

应急医院应按照规范和导则进行设计、建设和运行。湖北省于2020年2月3日发布了《呼吸类临时传染病医院设计导则（试行）的通知》（鄂建函〔2020〕20号）[21]，此导则在武汉火神山、雷神山医院的实践基础上，总结了应急定点医院的设计经验，提出了设计的五项原则：安全至上、满足应急防控需要、控制传染源和切断传染链、保护环境和降低污染、临时兼顾长远。这些原则和经验可为今后应急医院的设计建设提供重要指导。

（2）应急定点医院的污水处理系统

应急定点医院应建设独立且完善的污水收集和处理单元。传染病区和发热门诊的卫生器具和装置产生的污废水应单独收集到预消毒装置进行预处理，然后再排向室外的污水处理装置。典型的处理流程是：预消毒→化粪池→生化处理→二次消毒→排入市政污水管网。为应对紧急事件，污水处理装置必须设置事故池，容积不小于每日平均排放水量。医院污水处理的剩余污泥应按照危废要求进行妥善安全处理处置[28]。

应急定点医院区域内的雨水也应进行全收集全处理，不允许直接排放。一般采用管道（不宜采用地面径流或明沟）收集和输送雨水，经消毒后再排向市政污水管网。应急定点医院应采用雨污分流制系统，但如果应急期间降水强度不大，可采用医院污水处理设施进行处理，或单独收集处理消毒后进入市政污水管网[29]。

5.2.3 临时改造定点医院及其污水处理

不带传染病房的综合医院和各类非传染性疾病的专科医院，均缺乏隔离和诊治传染病的基础条件。在疫情期间，通过对上述医院进行快速设计和病房改造，将普通的病房改造为负压隔离病房，并严格划分清洁区和污染区，使其临时具备应急定点传染病医院的救治能力。这种已有医院的改造可以充分利用现有条件、快速实施、精准改造，以满足疫情防控的需求，改动工程量也小于应急定点医院或方舱医院。

现有医院的临时改造，应遵循典型的传染病医院的"三区、两通道"布局。"三区"指的是清洁区、半污染区和污染区，设有安全通道，连接着不同的区域，以确保医护人员的安全；"两通道"是指医护人员通道和患者通道，患者可直接从外边进入，病房和治疗区域相对独立，以避免交叉污染。

临时改造医院一般建设有医院污水处理设施并要求能够稳定运行达标。和传染病医院相比，临时改造医院的病区污水一般没有单独分流、收集和处理的条件，部分医院的室外污水处理站没有二级生化处理设施等。这些不足之处必须在改造过程中加以妥善处理，比如对传染病区污水增设预消毒装置、对室外污水处理站加强消毒单元的运行管理等。

5.2.4 应急方舱医院及其污水处理

（1）方舱医院的特点和建设要求

方舱医院是可快速部署的成套野外移动医疗平台，一般由医疗功能单元、病房单元、技术保障单元等部分构成[29]。方舱医院采用模块化卫生装备，具有紧急救治、外科处置、临床检验等多方面功能。方舱医院具有施工时间短、成本低，可以提供医护服务、病毒检测、住宿和日常社交活动，床位数量和空间利用率可以随时间及需求发生变化等优势。由于方舱医院机动性好、展开部署快速、环境适应性强、能够适应突发应急医学救援任务，因此在我国抗震救灾和公共卫生应急保障中发挥了巨大作用。新冠疫情期间，方舱医院在疫情高峰期收治了大量轻症患者，对患者隔离救治和传染疫情控制起到关键作用[30]。

方舱医院应具备较完善的医疗设施设备、医用气体、水电冷暖保障设备、较舒适宽敞洁净的医疗作业环境、合理的人流物流通道等，同时应便于展收、有较强的场地环境适应性。湖北省发布的《方舱医院设计和改建的有关技术要求》(鄂建函〔2020〕22号)和《旅馆建筑改造为呼吸道传染病患集中收治临时医院的有关技术要求》[22, 23]，为方舱医院的建设运行提供了规范性指导。此外，《方舱医院设计和改建的有关技术要求》(鄂建函〔2020〕22号)还被翻译成了英文版本，供国际社会参考[31]。

（2）方舱医院的污水处理系统

对于使用空闲建筑物部署的方舱医院，应在原有建筑排水系统的基础上进行适当的改造，对医院污水进行收集和处理后，再排入市政污水管网。对于机动形式（帐篷等）部署的方舱医院，应设有专门的固废和污水处理设备，对诊疗过程产生的废物和污水进行全收集和消毒处理，以达到无害化的效果。

在建筑排水系统排口集中或排水量较大的情况下，可增设污水收集罐（一般为不锈钢或玻璃钢材质）和消毒设施（贮药罐和投药泵），集中收集医院污水并在罐体内序批式消毒。在建筑排水系统排口分散或者排水量较小的情况下，并且不具备污水集中收集和处理条件时，可利用化粪池稳定污水，并采用源头预消毒和收集管路多点消毒的方式强化消毒效果。在方舱医院污水处理之后排入市政污水管网的位置，应进行适当的采样监测，通过控制余氯、大肠杆菌等指标来确保消毒效果[32]。

5.3 疫情下武汉地区医院污水处理与风险管控

5.3.1 武汉医院污水处理整体状况

截至2019年，武汉市设有医院407家（含三级医院49个），医疗机构6497家，床位9.94万张，卫生防疫与防治机构28个，共计诊疗9113万人次，入院人数325万人，病床使用率90.03%[33]。

武汉的大型医疗机构均配备以二级处理为主的污水处理设施，且运行率较高。如武汉市中心医院共有床位3398张，其医院污水经格栅、调节池后，提升至曝气生物滤池，出水进入二氧化氯消毒池，污泥进入污泥浓缩池后经浓缩、消毒后进行压滤脱水；武汉市第九医院共有床位300张，设计处理水量为1000m³/d，处理工艺流程为"格栅→调节池→接触氧化池→斜管沉淀池→二氧化氯消毒池"。武汉的大型医院以氯消毒（氯及二氧化氯）为主，部分小型医疗机构配备臭氧消毒措施。正常运行情况下，医院污水处理系统出水中沙门菌和志贺菌均未检出，且粪大肠菌群达标排放[34]。

新冠疫情期间，武汉市分批次组织、新建和改造了60余家发热定点医疗机构，包括已有定点医院（如传染病专科医院、金银潭医院）、新建应急定点医院（火神山、雷神山医院）、改造定点医院、方舱医院等。通过升级设施和加强运行管理，确保了上述医院污水经处理后达标排放。如武汉市金银潭医院日均医院污水排放量200m³，运行人员根据原水水质和水量变化趋势，动态调整剩余污泥排放和消毒剂投加量，出水COD浓度10～20mg/L，大肠杆菌低于200个/L，优于国家一级A排放标准[35]。

（1）应急定点医院的污水处理

武汉市火神山医院和雷神山医院是为集中收治新型冠状病毒肺炎重症和急症患者而设立的专科传染病应急医院。根据国家相关法律法规和技术规范，污水处理设施的出水水质参照《医疗机构水污染物排放标准》GB 18466—2005中传染病、结核病医疗机构水污染排放限值执行。参照同类型医院的污水处理方案，采用"预消毒接触池→化粪池→提升泵站（含粉碎格栅）→调节池→MBBR（移动床生物膜反应器）→混凝沉淀池→接触消毒池"处理工艺，出水经泵送至市政污水管网，进入市政污水处理厂。污水处理站地基下方均按垃圾填埋场标准铺设防渗膜。雨水全收集汇入雨水调蓄池后进行消毒处理。污泥经消毒脱水后按危废集中清运处理。废气均统一收集除臭消毒后排放。

（2）临时改造医院的污水处理

武汉市在武汉市金银潭医院、武汉市肺科医院的基础上，分五批共征用了60余家综合医院临时改造成为收治发热病人的专门医院，大幅度增加了收治床位。由于临时改造医院具有比较完善的污水收集处理设施，因此主要是需要加强运行维护，确保设施安全稳定运行，部分设施增加消毒设备。临时改造定点医院的污水经消毒处理后能够达到排放标准。

（3）方舱医院的污水处理

方舱应急医院由体育馆、会展中心、博览中心等公共活动场所改造而成，此前并不具备固定医疗机构的污水处理能力。根据生态环境部下发的《关于做好新型冠状病毒感染的肺炎疫情医疗污水和城镇污水监管工作的通知》（环办水体函〔2020〕52号），武汉在建设方舱医院过程中配套了污水处理装置，采用多种措施进行预消毒、污水处理和二次消毒，再排入市政管网，进入市政污水处理厂进一步处理。

5.3.2 火神山和雷神山应急医院污水处理设施设计、建设与运行情况

（1）污水处理设施设计方案

火神山应急医院建筑面积3.39万m^2，设计床位1000张，日平均污水量约800m^3，峰值流量约67m^3/h。雷神山应急医院建筑面积7.99万m^2，设计床位1600张，日平均污水量约1200m^3，峰值流量约100m^3/h。医院污水主要来自住院部、门诊室、实（化）验室、食堂、浴室、卫生间、试剂室、洗衣房以及宿舍区等场所排放的污水，除含有一般有机和无机污染物外，还含有如各种药物、消毒剂、解剖遗弃物等污染物，以及传染性病菌、病毒和寄生虫等。由于"两山"医院污水来源和性质相类似，因此污水处理设施的设计进水水质也相同，具体水质指标如表5-4所示。

基于"两山"医院污水来源和性质相类似，设计污水处理设

"两山"应急医院污水处理设施的主要设计进水水质指标 表5-4

序号	项目	指标值
1	pH值	6～9
2	化学需氧量（COD）	≤350 mg/L
3	生化需氧量（BOD_5）	≤150 mg/L
4	悬浮物（SS）	≤120 mg/L
5	氨氮（NH_3-N）	≤30 mg/L
6	动植物油	≤50 mg/L
7	粪大肠杆菌群数/（MPN/L）	3.0×10^8个/L

施时采用了相同的处理工艺流程，即污水经过"预消毒→二级生物处理→深度处理→消毒处理"后泵送至市政管网排入市政污水处理厂，如图5-6所示。

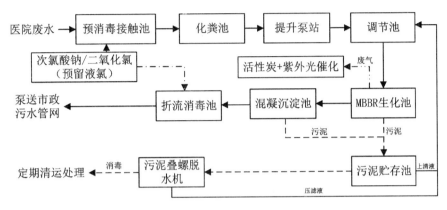

图5-6　"两山"应急医院污水处理设施工艺流程

污水处理设施出水指标标准参考《医疗机构水污染物排放标准》GB 18466—2005中传染病、结核病医疗机构水污染排放限值执行。考虑到生化系统调试周期比较长（至少需要1～2周），与该项目的紧急投入使用时间要求不匹配。综合考虑，对"两山"医院污水处理设施出水指标进行分阶段考核：在不得检出新冠病毒的前提下，在医院污水处理设施建成后两周的生化调试期内，参考北京非典期间小汤山医院对污水排放的要求，执行《医疗机构水污染物排放标准》GB 18466—2005表3预处理标准，同时调试生化系统；待两周后生化调试期结束，执行该标准表1排放标准，出水排入市政污水管网，出水水质指标的标准值如表5-5所示。

污水处理设施排出的废气采用"活性炭—UV光解"工艺进行消毒和除臭处理，保证污水处理设施周边空气中污染物指标（氨、硫化氢、臭气、氯气、甲烷等）达到《医疗机构水污染物排放标准》GB 18466—2005表3要求。

"两山"应急医院污水处理设施的主要出水水质指标　　表5-5

序号	控制项目	标准值	预处理标准*
1	粪大肠杆菌群数/（MPN/L）	100	5000
2	肠道致病菌	不得检出	—
3	肠道病菌	不得检出	—
4	结核杆菌	不得检出	—
5	COVID-19病毒	不得检出	不得检出
6	pH	6～9	6～9
7	化学需氧量（COD）	≤60mg/L ≤60g/（床位·d）	250mg/L 250g/（床位·d）
8	生化需氧量（BOD₅）	≤20mg/L ≤20g/（床位·d）	100mg/L 100g/（床位·d）
9	悬浮物（SS）浓度	≤20mg/L ≤20g/（床位·d）	60mg/L 60g/（床位·d）
10	氨氮（NH₃-N）	≤15mg/L	—
11	动植物油	≤5mg/L	20

*排入终端已建有正常运行城镇二级污水处理厂的下水道的污水，执行预处理标准。

（2）污水处理设施建设情况

2020年1月23日下午，武汉市城建局紧急召集中建三局等单位举行专题会议，要求参照2003年抗击非典期间北京小汤山医院模式，在武汉职工疗养院建设一座专门医院——武汉火神山医院，并在10日内建造完成。1月25日下午，武汉市疫情指挥部召开专题会议，决定由中建三局牵头，再建立一座类似小汤山医院——雷神山应急医院。作为"两山"医院建设的牵头单位，时间紧任务重，中建三局当即召开应急医院施工筹备会，立刻筹备各项施工资源。

整个火神山医院污水处理系统的建设，从设计图纸到施工完成交付，总共建设周期不到10天时间。1月23日晚，参建单位连夜组织挖掘机、推土机等施工机械进场，开始清表及场地平整。经过三天的奋战，污水处理系统土建、工艺、设备相关图纸和地基处理基本完成；1月28日上午，混凝沉淀池开始进行吊装工作；1月29日二级消毒池、MBBR生化池、医院污水设备接驳等设施陆续同步进行施工吊装；1月31日基本完成所有污水处理设施的安装，电气设备也同步进行安装调试、生化系统满水试验；2月2日开始进入单机试车和联动试车，生化调试和消毒调试也陆续进行，并于2月3日完成所有污水处理设施的联动调试并开展生化系统调试；2月4日下午正式投入使用。火神山医院和污水处理系统都通过装配式建筑技术的大量运用，极大地节省了施工周期。污水处理站施工高峰期，有150余建设者在现场，大型机械设备、车辆24小时不间断施工，展现了中国速度与中国力量。现场施工情况如图5-7～图5-13所示。

雷神山医院施工现场，参建全体人员以"白加黑""5+2"的工作模式，争分夺秒抢抓工程进度。开工次日的1月26日，现场随即开始安排场平及沟槽开挖；1月28日，非沟槽区HDPE膜施工基本完成；1月29日，现场管道沟槽回填基本全部完成，现

图5-7　火神山医院污水处理站夜晚施工场平面图

图 5-8　火神山医院及污水处理站设计区位图

图 5-9　火神山医院污水处理设施区位及污水传输路径图

图 5-10　火神山医院雨水调节池现场模块组装图

图5-11　火神山医院施工人员在污水处理站下方铺设防渗膜

图5-12　火神山医院化粪池现场施工图

图5-13　火神山医院预消毒池设计施工现场

场隔离区HDPE膜总计完成约70%，污水处理站底板混凝土浇筑完成；1月30日，污水处理站、调蓄池等成品构件吊装完成50%；2月1日，液氯加药间、污水处理站等配套设施设备已完成吊装；2月2日，污水处理站设备完成交付。

"两山"医院污水处理站以"肉眼可见"的速度迅速崛起，疫情初期，污水处理站作为医院废水排放的最后一道关卡，设计、建设施工都不容有失，项目工艺设备虽不复杂，但是多专业、多单位交叉施工，在时间紧、任务重的情况下，对工艺设计、建设施工管理和运营管理要求高，是对中国建造管理能力和管理水平的一次集中检验。

（3）污水处理设施运行效果

"两山"应急医院污水处理设施运营团队人员总计32人，火神山医院20人，包括7名运营管理负责人、7名水处理操作工、2名安全防护防疫员、4名技术支持人员；雷神山医院12人，包括1名运营管理负责人、1名站长、8名水处理操作工、1名电气维修人员、1名设备维修人员。

运行期分为两个阶段：首先是应急启动阶段，污水通过预处理消毒、气浮后，满足《医疗机构水污染物排放标准》GB 18466—2005中的预处理排放标准，直接排入市政污水管网；然后是稳定运行阶段，同步建设和调试生化处理系统，使出水达到排放标准后，仍然排入市政污水管网，以完全阻断传播风险。

"两山"应急医院污水处理设施均按照一用一备设计。火神山医院污水处理设施单套设计水量为800m³/d，实际日处理水量变化如图5-14（A）所示。自2020年2月6日起开始投入运行，至4月15日结束，累计处理水量超过28342.7m³，日最大处理水量为1467.2m³，日平均处理水量为480.3m³。

雷神山医院污水处理设施单套设计水量为1200m³/d，实际日处理水量变化如图5-14（B）所示。自2020年2月14日起开始投入运行，至4月15日结束，累计处理水量共计28785m³，日最大处理水量为1279m³，日平均处理水量为564.4m³。4月9日、12日，由于患者数量减少，污水量低，无污水排出。

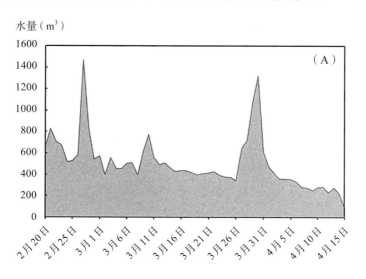

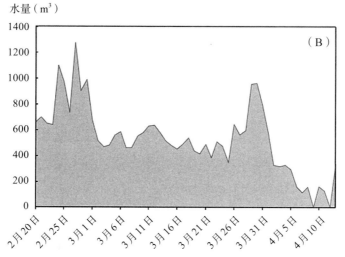

图5-14 火神山（A）和雷神山（B）应急医院污水处理设施
实际日处理水量变化

采用在线仪器，连续监测火神山、雷神山医院污水处理设施出水pH、COD、氨氮、粪大肠菌群、余氯等主要指标。

　　如图5-15所示，由于日处理水量变化较大，火神山医院污水处理设施出水COD浓度有一定波动，最大值为135mg/L，出水COD有3天超过60mg/L（经在线仪表厂商检查是因为仪表检测存在偏差，扣除在线仪表异常数据外，平均值为33.1mg/L，低于出水COD设计标准60mg/L）。氨氮处理效果一直比较稳定，出水氨氮浓度远低于氨氮设计标准15mg/L，最高值为1.9mg/L，最小值为0.017mg/L，平均值为0.3mg/L。

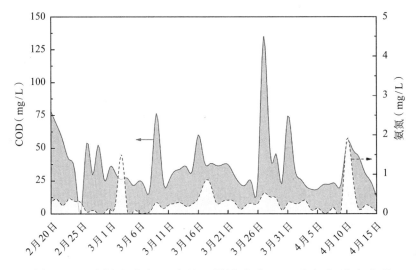

图5-15　火神山应急医院处理设施出水COD和氨氮浓度变化

　　雷神山医院污水处理设施出水COD浓度均低于排放标准60mg/L，稳定运行后的出水COD平均值为42.4mg/L（2月20～21日的出水COD数据异常，原因是生化系统调试期间污泥浓度相对较低，导致处理效果不稳定），如图5-16所示。

　　在整个运行过程中，"两山"医院污水处理设施出水余氯值均高于标准规定范围（总氯6.5～10mg/L）。其中，火神山医院污水处理设施出水余氯的最大值为39.18mg/L、最小值为7.26mg/L、平均值为13.00mg/L，出水大肠杆菌为1MPN/L，远低于标准规定（＜100MPN/L）；雷神山医院污水处理设施出水余

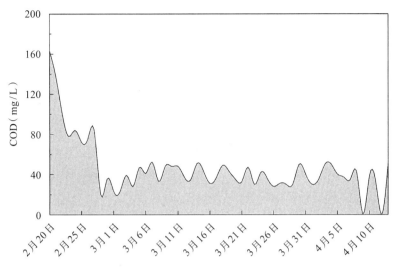

图5-16　雷神山应急医院污水处理设施出水COD变化
（4月9日和12日无污水排出）

氯的最大值为10.3mg/L、最小值为7.2mg/L、平均值为7.9mg/L，出水大肠杆菌为1MPN/L，远低于排放标准（＜100MPN/L）。

5.3.3　方舱医院污水处理设施与运行情况

（1）方舱医院的建设情况

疫情期间，武汉市改造体育场馆、会展中心、厂房及学校等建筑，共计建设完成16座方舱医院集中收治轻症患者，其中15座投入使用。在2020年2月5日晚，武汉市第一批三座方舱医院（武汉国际会展中心、洪山体育馆、武汉客厅）投入使用；2020年3月11日，洪山体育馆方舱医院首批休舱停运。

（2）方舱医院污水的收集与处理方式

武汉市方舱医院的污水处理系统主要依托现有建筑排水系统，采取化粪池收集处理或废液罐集中收集处理的方式，进行固液分离和加氯消毒。

化粪池收集处理方式如图5-17所示。医院污水先经过自动格栅去除垃圾，在格栅后加入消毒剂，再进入化粪池进行稳定。污水在化粪池中固液分离，上清液从出口流出，再次加入消毒剂后排入市政污水管网。

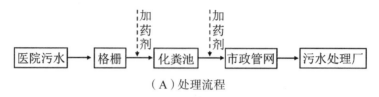

（A）处理流程

（B）现场照片

图5-17　方舱医院污水化粪池收集处理示意图

废液罐收集处理方式如图5-18所示。采用特制的废液罐集中收集方舱医院产生的污水，在废液罐中进行沉淀和加药消毒，污水在废液罐中停留时间超过1天，上清液定期经泵送入调节罐。在调节罐中投加消毒剂并反应1.5小时以上，再排入市政污水管网。

（3）方舱医院污水处理设施的消毒情况

方舱医院的消毒剂投加装置如图5-19所示。采用次氯酸钠作为消毒剂，按规程配置液态药剂，使用计量泵按设定流量进行加药。

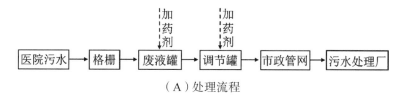

（A）处理流程

（B）某现场照片

图5-18　方舱医院污水废液罐收集处理示意图

图5-19　方舱医院污水处理设施的加氯消毒现场图片

2020年2月4日至3月31日，湖南力合科技有限公司和清华大学环境学院对方舱医院污水处理设施的消毒情况进行监测，选取了pH、总余氯作为主要监测因子。图5-20为现场安装的在线余氯、pH和COD测定仪器。部分点位因水量小或者现场不具备安装在线监测设备条件的，也采取手工监测的方式进行监测。根据自动余氯仪的监测结果，废液罐或化粪池出水的余氯值普遍高于10mg/L，大于6.5mg/L的标准值，可有效阻断新冠病毒的传播风险。

图5-20　方舱医院污水处理出水点的在线余氯、pH和COD测定仪器及现场维护

5.3.4 医院污水处理的风险管控效果

（1）定点应急医院

2020年4月5日和6日，清华大学环境学院和湖北省环境科学研究院联合研究团队分别对金银潭应急医院和火神山应急医院污水处理设施进行了采样监测。对患者排泄物中新冠病毒的存在水平和医院污水处理设施对新冠病毒的阻断效果进行了分析。火神山医院污水处理设施的采样监测点包括化粪池、提升泵房、MBBR、混凝沉淀池和消毒池出水[图5-21（A）]，现场采样情况

如图5-22所示。金银潭医院污水处理设施的采样监测点包括调节池、生物曝气池、混凝沉淀池和消毒池出水[图5-21（B）]。

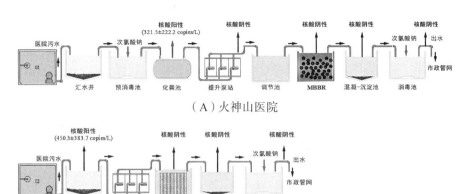

（A）火神山医院

（B）金银潭医院

图5-21　污水处理流程图和采样监测点位置

（A）化粪池

（B）提升泵站

图5-22　武汉火神山医院污水处理设施采样现场

根据监测结果，在火神山应急医院化粪池和金银潭应急医院调节池中检出新冠病毒核酸阳性，但后续单元，如提升泵房、MBBR/生物曝气池、混凝沉淀池、消毒池出水样品均为核酸阴性。说明两个应急定点医院污水处理设施均能正常运行，对新冠病毒去除效果明显，处理单元的多级屏障有效阻断了病毒在市政排水系统的传播风险。

（2）方舱医院

2020年2月26日至3月10日，清华大学环境学院和湖北省环境科学研究院联合研究团队对武昌方舱医院污水处理设施进行了采样监测。

在2020年3月5日之前，预消毒池和化粪池内次氯酸钠投加量均维持为$800g/m^3$，在2月26日和3月1日采集样品中检出新冠病毒核酸阳性，在加入次氯酸钠两小时后，化粪池内余氯被完全消耗。经工作人员现场调整，3月6日化粪池内次氯酸钠投加量提高至$6700g/m^3$，出水新冠病毒核酸检出阴性，保障了新冠病毒风险传播阻断，但过量投加消毒剂导致出水余氯增高，产生浓度较高的消毒副产物，主要为三氯甲烷（$332 \pm 122\mu g/L$）[36]（图5-23）。

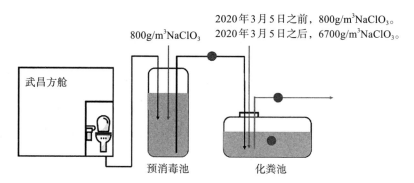

图5-23　武昌方舱医院污水处理示意图

5.4 建立健全应急医疗机构的建议

5.4.1 完善医疗机构工程建设规划

医疗机构规划布局应适当超前。目前，我国尚无针对突发呼吸道传染性疾病建设"平疫结合"的医院，因此新建医院有必要考虑"平疫结合"和"平战结合"，保证医疗资源的充分利用。建议在《全国医疗卫生服务体系规划纲要》中充分考虑未来涉及公共医疗卫生的各种不确定因素，将相关技术要求写入相关医疗机构设计规范。

城市规划需要为应急设施和场所预留足够的空间。针对突发性城市公共卫生事件应对预案，应统筹考虑各类应急设施和场所，避免在疫情发生时被动选址而对城市发展造成负面影响。有必要将应急医疗设施纳入国土空间规划编制任务，预留足够的空间和设施接入条件。

应急医院基础设施建设过程应尽快标准化。应急呼吸道传染病医院建设一般发生在疫情突发时期，医院建设工期短，面临交通管控、物资筹措困难等挑战。建设火神山医院时采取的集装箱模块化施工方式有效克服了上述困难，但在很多细节方面仍需充分总结和规范。建议行业协会组织联合相关企业通过模块化设计、工厂化生产、机械化组拼，形成不同规模医院集装箱及标准装配规程。

5.4.2 健全应急医疗机构工程设计、建设及运维技术标准体系

相关技术标准及规范有待完善。国家卫计委、生态环境部发布了系列标准和规范，初步构成了传染病医院相关标准体系。但标准和规范仅针对非应急型传染病医院，而在应急防疫领域尚未出台相关建设标准及规范。因此，需要建立覆盖应急业务的标准体系，防止实施过程中的二次污染和危害等。

设计和建设机制尚需进一步优化。设计和建设过程是保障医疗机构工程建设质量的关键，需要对设计建设全过程的管理进行完善和优化，主要包括沟通协调机制、组织管理机制和联合验收机制。通过建立参建单位及人员分级信息平台，实现信息在不同层级间的有效传达；同时明确管理模式，构建完善的组织管理体系和架构；并成立包括设计、建设、监理、使用单位及政府部门的联合验收小组，确保医疗机构工程建设质量。

管理和体系支撑能力需进一步加强。管理和人事体系是确保设计建设过程稳步进行的重要保障，通过改进设计管理体系，建立纵向层级拉通的专业组和横向职能协调的工作组，提升总包方职权，具备与设计院相同的出图权以及业主方的部分设计管理职能，同时提升资源支持力度，做好人、材、机的组织及调配，有计划储备相关资源，并做好后勤保障工作，设置后勤保障组和防疫工作组，负责人员饮食、交通、住宿和日常防疫工作的管理。

建设阶段需要做好各方施工协调。多方施工协调是开展医疗机构工程建设的基础和前提，各阶段都应做好施工沟通和协调的工作。在前期设计时，考虑施工、招采便捷性，对关键部分，施工、招采严格按照设计要求；在满足材料功能性条件下，调

整招采流程，提升招采便利性；保障质量的同时平衡进度需求，对重要使用功能或涉及重大安全隐患的内容必须确保质量，不影响主要使用功能且无安全隐患时适当放宽要求；平衡各专业施工组织，包括合理穿插土建、安装、调试等保障室内、室外平行推进。

5.4.3 健全应急医院风险管控的技术和设施

完善应急医院基础设施建设，建立长效管理措施。具体包括：①在城市规划中应考虑突发疫情下应急医院的建设，预留部分空间，包括应急医院所需要电力、自来水、污水处理、固体废弃物处理基础设施及管网等隐蔽工程；②改造和新建可以作为"方舱医院"的公共建筑（体育馆、会展设施），预留应急使用电力、上下水、卫生间接口，保证建筑内通过性（无障碍设施）、照度、空调通风及负压调节等，同时也要考虑地面的临时停车面积；③对于疫情结束后需要拆除的应急医院，应评估可保留的设备设施，尤其是基础设施，以便在下次疫情来临时重复使用。

5.4.4 研发医院污水的绿色安全消毒技术

含氯消毒剂（液氯、次氯酸钠或二氧化氯）作为医院污水消毒的主流技术，存在消毒效率有待提高、有消毒副产物隐患等不足。在实际运行中往往存在消毒剂过量投加，并与污水中复杂成分反应生成多种具有较强生物毒性的消毒副产物等问题，研发高效、安全的消毒技术，可以有效管控医院污水排放风险。

研发绿色安全的消毒技术，包括：①优化传统含氯消毒剂的消毒工艺，如多种消毒剂协同消毒、精准投加消毒剂量与投加位置优化等；②发展非传统消毒剂技术，如投加非氯消毒剂（臭氧、过硫酸盐、过氧乙酸）或催化消毒技术，非氯消毒剂对病原微生物的灭活更强，消毒副产物更少。此外，利用电场、微波、超声波等物理作用也可实现污水中病原微生物的靶向灭活。

5.5 小结

我国医院污水处理经过稳步、高速和高质量发展阶段，工艺技术已趋成熟，处理率和达标率显著提升。疫情期间，国家部委及地方发布了一系列医院污水处理的规范性文件，对医院污水的应急管理起到了关键性指导作用。中建三局等单位以超高速度建造的火神山、雷神山等应急医院，在抗击疫情中发挥了中流砥柱作用。武汉市定点应急医院污水采用"预消毒→二级生物处理→深度处理→二次消毒"工艺处理，方舱医院污水采用"化粪池收集或废液罐收集→强化氯消毒"方式处理，有效阻断了新冠病毒的传播风险。在疫情常态化阶段，需要及时总结经验，健全应急医疗机构工程设计、建设及运维技术标准体系，研发绿色安全的消毒技术，有效管控医院污水病毒传播风险。

参考文献

[1] 国家统计局.中华人民共和国2020年国民经济和社会发展统计公报[R]. 2021-03-31.

[2] 国家环境保护总局.医疗机构水污染物排放标准GB 18466—2005[S]. 北京：中国环境科学出版社，2005.

[3] 刘建华，宋蕾蕾，庄琳.浅谈医院废水的水质特征[J].绿色科技，2014（11）：151-152.

[4] Zhang X，Yan S，Chen J，et al. Physical，chemical，and biological impact（hazard）of hospital wastewater on environment：presence of pharmaceuticals，pathogens，and antibiotic-resistance genes[J]. Elsevier Public Health Emergency Collection，2020：79-102.

[5] 顾宇阳. 医院污水处理和药剂选择[J]. 科技创新导报，2017，14（13）：114-116.

[6] 生态环境部. 医院污水处理工程技术规范HJ 2029—2013[S]. 北京：中国环境科学出版社，2013.

[7] 文建鑫，孙杰，李佳. 2019-nCoV疫区医疗污水处理现状与建议[J]. 中南民族大学学报（自然科学版），2020，39（2）：118-122.

[8] 关于征求国家环境保护标准《医院污水处理工程技术规范》意见的函，附件3《医院污水处理工程技术规范》（征求意见稿）编制说明[EB/OL].（2011-08-17）. http：//www.mee.gov.cn/gkml/hbb/bgth/201108/t20110826_216511.htm.

[9] 袁瀚寰，王勇，王昊，等. 上海市某区医疗机构污水处理现状调查[J]. 中国消毒学杂志，2019，36（7）：519-521.

[10] 韩懿，夏立群，项丹丹. 上海市青浦区医疗机构污水处理现况调查[J]. 上海预防医学，2020，32（5）：445-447.

[11] 周卫民，任艳，韩瑞萍. 2016—2018年昆明市医疗机构污水消毒处理监测结果[J]. 中国消毒学杂志，2019，36（11）：846-847+851.

[12] 关于发布《医疗机构水污染物排放标准》的公告[EB/OL].（2005-07-27）. http：//www.mee.gov.cn/gkml/zj/gg/200910/t20091021_171575.htm.

[13] 游颖琦，沈元，兰策介，等. 无锡市医疗机构污水消毒处理设施运行情况调查[J]. 中国消毒学杂志，2017，34（8）：754-756.

[14] 李伟霞，申惠国，席韵. 上海市某区医疗机构污水处理现状调查[J]. 中国消毒学杂志，2013，30（4）：321-322+324.

[15] 李激，王燕，熊红松，等. 城镇污水处理厂消毒设施运行调研与优化策略[J]. 中国给水排水，2020，36（8）：7-19.

[16] 区继军，贺征，林耀坤. 广州市部分医院医疗污水消毒处理现状调查[J]. 中国公共卫生管理，2010，26（3）：298-299.

[17] 王新为，李劲松，金敏，等. SARS冠状病毒的抵抗力研究[J]. 环境与健

康杂志，2004（2）：67-71.

[18] 国家环境保护总局. SARS病毒污染的污水应急处理技术方案[J]. 中国环保产业，2003（6）：29.

[19] 关于发布《医院污水处理技术指南》的通知[EB/OL].（2003-12-10）. http：//www.mee.gov.cn/gkml/zj/wj/200910/t20091022_172241.htm.

[20] 关于做好新型冠状病毒感染的肺炎疫情医疗污水和城镇污水监管工作的通知[EB/OL].（2020-02-01）. http：//www.mee.gov.cn/xxgk2018/xxgk/xxgk06/202002/t20200201_761163.html.

[21] 关于印发呼吸类临时传染病医院设计导则（试行）的通知[EB/OL].（2020-02-02）. http：//zjt.hubei.gov.cn/zfxxgk/zc/gfxwj/202002/t20200204_2018837.shtml.

[22] 关于印发《方舱医院设计和改建的有关技术要求》的通知[EB/OL].（2020-02-05）. http：//zjt.hubei.gov.cn/zfxxgk/zc/gfxwj/202002/t20200206_2020080.shtml.

[23] 关于印发旅馆建筑改造为呼吸道传染病患集中收治临时医院有关技术要求的通知[EB/OL].（2020-02-03）. http：//zjt.hubei.gov.cn/zfxxgk/zc/gfxwj/202002/t20200204_2018841.shtml.

[24] 袁理明，侯国求，罗海兵，等. 武汉雷神山医院结构设计[J]. 建筑结构，2020，50（8）：1-8.

[25] 侯国求，袁理明，武永光，等. 雷神山应急临时医院结构设计体会[J]. 华中建筑，2020，38（4）：32-38.

[26] 彭林立，谢琥，袁理明，等. 装配式建筑在武汉雷神山医院的应用[J]. 华中建筑，2020，38（4）：71-77.

[27] 与疫情赛跑的模块建筑——新冠疫情期间临时应急医院的快速设计和施工管理[EB/OL].（2020-11-17）. https：//new.qq.com/omn/20201117/20201117A0CZC900.html.

[28] 侯玉杰. 火神山医院快速建造技术及总承包管理[M]. 北京：中国建筑工业出版社，2020.

[29] 方舱医院百度百科[R/OL].（2021-06-05）. https：//baike.baidu.com/item/方舱医院.

[30] Simiao Chen，Zongjiu Zhang，Juntao Yang，Jian Wang，Xiaohui Zhai，

Till Bärnighausen, Chen Wang. Fangcang shelter hospitals: a novel concept for responding to public health emergencies[J]. Lancet. 2020, 395: 1305-1314.

[31] 《方舱医院设计和改建的有关技术要求（修订版）》中英双语版发布 [EB/OL]. (2020-04-01). http://zjt.hubei.gov.cn/zfxxgk/zc/zcjd/202004/t20200414_2222063.shtml.

[32] 湖南力合科技有限公司. 内部研究报告 [R]. 2020.

[33] 武汉市统计年鉴（2020）[R/OL]. (2021-02-02). http://tjj.wuhan.gov.cn/tjfw/tjnj/202102/t20210202_1624450.shtml.

[34] 谷康定, 熊光练, 詹明胜, 等. 武汉市医院污水处理现状调查分析 [J]. 中国给水排水, 2005 (6): 28-30.

[35] 一天 200 多吨！金银潭医院医疗废水去哪儿了？[R/OL]. (2020-03-26). http://news.hbtv.com.cn/p/1819122.html.

[36] Zhang D, Ling H, Huang X, et al. Potential spreading risks and disinfection challenges of medical wastewater by the presence of Severe Acute Respiratory Syndrome Coronavirus 2（SARS-CoV-2）viral RNA in septic tanks of Fangcang Hospital. Science of The Total Environment[J]. 2020, 741: 140445.

第6章　疫情下环保产业的应对与发展

　　环保行业是城市应对传染疾病、保障公共卫生的重要力量，此次新冠疫情也是对我国环保产业的效率和韧性的一次严峻考验。疫情期间，环保产业供给侧和需求侧两端同时迎接冲击。一方面，供水、污水处理、医疗废弃物等城市环境基础设施稳定运营压力陡增，生产成本增加。另一方面，市场供应链和项目建设进度一度受阻或停滞，企业生产、产品供应及生产成本等受到较大影响，稳定发展承压较大。

　　为有效应对疫情对环保产业冲击，保障产业对疫情防控有效支撑，有关部门和地方政府加强对供水、医疗废水、城市污水处理全链条覆盖的监督管理，出台帮扶政策助力行业复工复产；各类环保运营企业严守防线，确保供水、污水处理基础设施安全稳定可靠运行；环保产业链有力组织，确保各类处理装备、药剂等稳定高效供应，为治污防疫保驾护航。

　　疫情影响下，环保产业在公共安全领域的作用更加凸显，并在完善供应链体系、加强对环境应急管理体系建设支撑、提升产业应对风险和灾害能力等方面，对未来环保产业提出更高要求。同时，疫情防控也将加速环保产业数字化转型，无人化、智能化、远程化需求正在持续释放，大数据管理、区块链技术、智慧云平台将在业内得到广泛重视和应用。

6.1 疫情对环保产业的冲击

在疫情暴发初期，各类型环保企业的生产成本、利润率、人力资源等主要指标出现明显波动，在资金链、生产经营等方面承受较大压力。随着复工复产及疫情常态化，各项指标均逐步恢复正常。

（1）供应链受阻与逐步恢复

疫情暴发初期，各地陆续采取"封城"政策，对一些地区的物资周转等造成困难[1]。全球商业协作平台 Tradeshift 分析显示，国内企业之间的订单数量下降了60%，而中国企业与国际公司之间的交易量下降了50%[2]。与其他产业类似，随着疫情初期防疫管控措施的逐步升级，环保产业必需生产物资的采购供应难度逐步加大，如药剂供应、设备抢修、零配件采购等。以水处理行业为例，疫情期间消毒药剂投加量大幅增加，一线人员个人防护物资短缺，是很多水处理企业面临的现实情况。随着复工复产与疫情常态化防控，物资短缺情况逐步缓解，恢复正常。同时，一些环保运营企业根据防疫形势迅速做出反应，采取提前准备、做好储备保障、建立应急调配机制等措施，较为平稳地保障了疫情期间的生产物资供应。

环保设备制造企业在本次疫情中受影响也较为严重。一方面，受产业链上下游影响而导致业务受阻，生产原材料及设备采购和运输供应中断或不到位，原材料短缺导致成本上涨，同时，由于部分工程项目受疫情影响可能造成停滞或者结算资金未能及时到账，企业普遍面临资金压力，甚至出现资金链紧张乃至断裂情况。

（2）疫情对生产成本的影响呈现由强转弱的趋势

上半年，环保企业直接运营成本增加。一季度，湖北等疫情严重区域的城市环境设施服务项目成本激增，全国其他省市也相应普遍上升。停工停产导致市场供给少，药剂等原辅料价格上涨。如湖北某污水处理厂次氯酸钠、乙酸钠等生产药剂吨价出现翻倍情况；因疫情防控需求，企业增加消毒杀菌药剂、防疫物资等投放量，两方面因素叠加导致企业运营成本增加。参考财政部公布的2020年国有企业成本费用利润率数据，总体呈现"勺柄"形。2020年2～4月快速上升，5月触顶返降，随着疫情和防控形势的缓和，市场供需情况逐步好转，7月当月国有企业成本费用利润率实现正增长，后期逐渐回归正常水平[3, 4]，环保企业成本变化趋势与国有企业基本一致。生产成本水平于7月基本恢复正常，但受疫情早期影响，拉低了全年成本利润率水平，截至2020年12月底，同比降幅收窄至0.4个百分点。

（3）环保企业业绩波动

2020年初期受新冠肺炎疫情影响，环保上市公司整体业绩出现特殊性下滑，之后随着国家相关政策密集出台，环保产业上、下游复工复产快速推进，加之2020年是"十三五"规划收官之年和打赢打好污染防治攻坚战阶段性目标实现之年，各地生态环境治理需求在下半年快速释放，2020年1季度后期至2季度环保上市公司营收及利润跌幅呈收窄态势，总体业绩逐步稳定转好，现金流有所改善，但负债情况进一步加重[5]。

（4）人力资源市场供需短暂波动后逐步回归

中国人力资源市场信息监测中心数据显示，一季度受季节性因素和疫情叠加影响，市场用人需求和求职人员数量同比收缩，求职人员收缩幅度更大，岗位空缺与求职人数的比率达到1.62，同比上升了0.34，出现了短时的"用工荒"。二季度随着国内新冠肺炎疫情影响减弱、复工复产持续推进，求人倍率回落至1.32，市场人力资源供求压力有所缓解。其中建筑业占用人需求的5.1%，同比增长15.1%，环比减少6.8%，水利、环境和公共设施管理业用人需求同比增长6.8，环比增长11.2%[6]。

进入下半年，社会生产生活秩序进一步恢复，工业生产稳定复苏，受冲击大的密接型和聚集型服务行业持续改善，劳动力需求不断增加，9月失业率回落至5.4%。四季度就业形势进一步回稳向好，12月失业率降至5.2%，与2019年同期持平[7]。图6-1是福州某大型水环境PPP项目用工供需对比情况，与整体用工需求变化趋势基本吻合。

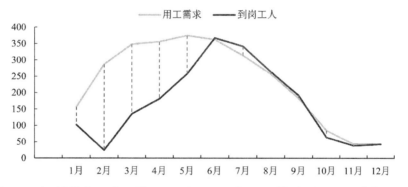

图6-1　福州某大型水环境PPP项目2020年用工供需对比图（单位：人）

（5）疫情加速了产业格局变化

疫情期间以来，各类政府主导的水处理等环保投资项目增加，同时原本年初启动的项目延期到后半年，推动后半年环保产业市场繁荣。一是国资与民企"双向混改"继续，碧水源、国祯环保、铁汉生态、博天环境等头部民营环保企业先后出让或计划出让控制权，涉及总市值538.81亿元。二是地方环保集团加速成立，例如万家寨水务、江苏省环保集团、四川省水利发展集团等，大多为"全链条"发展模式。截至2020年上半年，已成立24家省级环保类集团（图6-2）。

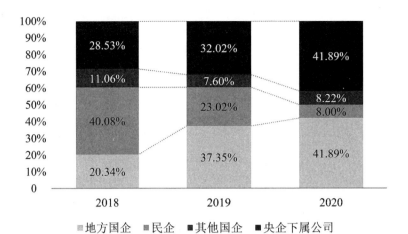

图6-2　2018～2020年涉水PPP项目各类主体市场成交统计
（以投资额计）

6.2 环保产业在疫情防控中发挥的作用

环保行业和企业在疫情防控及促进复工复产方面发挥显著的保驾护航作用。政府层面，精准施策，强化对医疗废水、城镇污水实施重点监督管理；加强应急管理，以科技创新和数字化提升监管能力；出台帮扶政策，推动中小企业复工复产，提高环保企业信心。企业层面，运营类企业践行社会责任，守住病毒阻断重要防线；重大疫情防控项目（如火神山、雷神山医院污染治理配套工程）参与企业体现出技术集成和产业链组织能力的长足进步；以宜兴环科园等为代表的环保产业集群，抗风险能力较强，快速组织复工复产；一批先进的应急式、分散式处理技术产品涌现，支援各地有效开展抗疫工作。例如，国家水专项应急库建设任务承担单位充分利用技术上和设备上的相应储备，在有限的时间内，依托天津滨海环境应急装备物资库，研制了污水强化消毒成套设备驰援海南三亚，组装医废处置装备支援湖北孝感。

6.2.1 政府全面加强监管，支持企业复工复产

（1）科技创新和数字化助力政府监管能力提升

疫情期间，国家相关职能部门及时、密集出台相关政策，强化对医疗废水、城镇污水实施重点监督管理，加强专业性指导，同时加强环境应急管理，全面实施处置情况定期报送，在线监测数据实时查看等机制。

环境管理非现场监管的重要性凸显。环保产业充分依托生态环境系统数字化，运用现代互联网、大数据、智慧云等信息化手段，及时发现和预警企业环境污染问题，监督企业及时停止环境违法行为。充分运用现代科学技术作为生态环境监管工具，依托卫星遥感、无人机、远程监控等科技手段开展非现场执法检查，增强处罚依据和执法的准确性[8]。

（2）政府出台扶持政策支持企业复工复产

为鼓励复工复产并减轻企业负担，国家和地方出台一批帮扶政策，涉及资金、税收、财政补贴与返还等一系列措施。资金方面，环保支出向受疫情影响较重的市县倾斜；资金使用聚焦重点方向，水污染防治资金支持了应急监测和处置、水源地环境保护、垃圾填埋场地下水环境监管等。财政补贴方面，政府在稳岗返还、一次性吸纳就业补贴、培训补贴以及工业企业专项奖补等方面给予了强有力的政策支持。

6.2.2 环保企业主动应对、统筹疫情防控与复工复产

（1）运营企业筑起"安全防火墙"，守住病毒阻断重要防线

自非典疫情以来，我国城市环境基础设施在能力建设和水

平提升上取得显著进展，得益于处理率的大幅提升与先进处理技术的广泛应用，我国污水处理行业在此次新冠疫情中承受住了比以往更大规模和强度的防疫压力。其中，水务运营企业统筹疫情防控和复工复产，做到三个确保："确保一线员工健康、确保供水水质安全、确保污水达标排放"。

保障污水处理项目安全稳定运行。疫情期间，北控水务、首创等全国性水务企业，及武汉水务集团等地方污水处理运营企业，及时梳理上游医疗废水排放清单，加强水质监测并实施有效处理；根据进水水量水质变化，合理匹配设备设施，及时调整工艺参数；强化消毒工艺单元处理效果，启动消毒药剂应急投加系统，确保病原微生物指标严格满足标准要求。处于疫情中心的武汉市水务集团紧急启动战时供水保障机制，强化从水源—净水厂—供水管网到污水收集、处理的全过程应急保障措施，建立"一院一策"的供水方案、"一点一人"的联络机制，全力确保城市供水安全、污水处理达标排放。

确保供水安全、保障用水服务。各主要供水企业强化水厂浊度去除及消毒处理工艺运行，对于疫情较重地区，沉淀池排泥水和滤池反冲洗水经消毒处理后安全排放，停止回用。同时加强原水水质监测，加大水质检测频次，在疫情较重地区增加了微生物指标等疫情防控特征指标的监测，建立信息共享机制。加强管网末梢余氯量监测，强化医疗、防疫重点用水单位供水保障。

确保一线员工健康。严格按照防疫要求做好员工自身防护及工作场所消毒，对疫情严重地区的水厂实行封闭式管理。要求员工避免与污水、污泥直接接触，因特殊生产需要进行操作时需穿戴防护服。借助摄像头、上位机、在线仪表等技术手段实施远程监测、调控及数据上报，适当减少现场巡视频次及原污水和污泥的人工取样和检测，并及时向当地环保部门备案。

（2）抗疫重大项目配套环境工程建设，展示技术集成和产业链组织能力

环保装备领域的各环保企业，发挥各自资源优势，积极响应并用实际行动为抗疫大业尽责尽力[9]。雷神山、火神山医院项目建设中的污水处理等配套设施设计、建设等各个环节，充分展现了国内环保产业、企业的技术集成和产业链组织能力。

中建三局牵头筹建了火神山、雷神山医院，10天建成火神山、12天建成雷神山并交付使用。"两山"医院污水处理的系统集成设计实现了快速建造，逆向设计实现了资源整合，立体设计实现了污染防控，智能设计实现了安全运维。

银江环保装备随火神山医院一起交付，雷神山医院污水处理站同期安装到位。针对武汉方舱医院医疗污水处理需求，碧水源公司快速响应，在24小时之内为武汉军山方舱医院提供智能集装箱污水处理一体化设备膜技术装备，保障医疗污水高标准安全处理。

武汉水务集团承担包含火神山、雷神山医院在内的144家医疗救治点的供水保障工作，同时承担了146家隔离酒店、99处医疗救援人员驻地的生活用水保障工作。为火神山医院制定"两江水源互补，两厂双回路"的保供方案，在20多个小时完成"两厂双水源双回路"的管道施工，前后10天完成火神山医院内外供水管道的铺设连接并通水交付使用。为了雷神山医院打通"两厂三水源"供水通道的同时，协助施工方优化内部管道施工方案，仅用12天即通水交付使用。

（3）提供先进应急分散式处理检测设备，全面支持重点防疫地区

宜兴环保科技工业园等国内环保装备制造产业聚集地，发挥产业集群优势，在春节期间物资和人力缺乏情况下，组织环

保企业支援防疫一线；百事德调配风机支援火神山方舟医院隔离区；江苏泰源环保一体化污水处理装置驰援应急隔离点医院；凌志环保积极支援方舱医院一体化污水处理设备；国合绿材支援武汉火神山医院建设用的雨水工程，48小时交付；艾科森为随县福利院（医学观察点）提供两个独立厕所，并将化粪池出水接入其消毒系统；江苏百茂源向湖北鄂州捐赠价值100万元的医疗垃圾焚烧炉。环科园共有超过20家环保企业的装备产品源源不断支援战"疫"前线[10]。

（4）数字化基础设施建设提升环境管理水平

此次疫情应对期间，地方环境管理对基于物联网、大数据等信息化管理技术需求凸显，激发相关细分市场和企业的活跃。如江苏天长环保为沣东新城建设治污减霾指挥调度中心，以及时感知系统支撑辖区空气质量管理。康宇水处理基于"康宇物联网大数据平台"构筑，借助物联网实现对二次供水设备全寿命周期的状态监管，并通过大数据分析辅助决策，从而实现自动化运维。百事德打造ERP系统，以订单为中心，贯穿销售、技术、生产等所有业务环节，形成数据闭环，从而提高协同效率，显著提高管理效率和生产效率。

6.3 后疫情时代环保产业的发展需求

6.3.1 充分发挥环保产业在公共安全领域的作用

自非典疫情以来，城市生态环境基础设施作为环境公共卫生领域的重要战线的认知已在全社会确立。使供水、污水、废弃物处理等环境基础设施不但成为阻断病毒传播的社会基础设施，也是疫情期间稳定生产生活秩序的核心保障之一，其重要性进一步凸显。从疫情控制看，公共卫生管理与生态环境管理都具有一定的突发性与持续性，公众对两者的需求都是越来越高。疫情之后，环境产业在公共安全领域的作用凸显[11]，环境质量改善、生态风险防控、公共卫生安全的兼顾协同尤为重要。

6.3.2 完善环境应急管理与保障体系

此次疫情是对国家治理能力、风险防控的一次大考，更加凸显应急管理体系和物资库体系建设的重要性、紧迫性。非典疫情以来，我国建立起的医疗废弃物废水处理体系、城市供水饮水系统，此次疫情防控期间总体上顶住了压力、完成了任务，但也暴露出部分短板和不足，突出表现为环境应急信息不通畅、相关物资保障不足、产业界响应缺乏有效调度等[12]。"十四五"规划提出，完善国家应急管理体系，加强应急物资保障体系建设，发展巨灾保险，提高防灾、减灾、抗灾、救灾能力。环境应急管理体系作为国家应急管理体系一部分，需构建平战结合、平灾结合管理模式。作为疫情防控的重要关口，保障环境应急处理设施设备及时到位、安全运行，是有效防范病毒扩散、遏制二次污染的重要工作。建议将环境应急装备纳入应急物资保障体系，加强统筹规划，完善环保应急物资管理体系。

6.3.3 加速行业的数字化转型

"十三五"期间，环境治理和管理精细化水平不断提升，但距实现标准化和智慧化管理仍有一定差距。疫情发生以来，在城市生态环境治理和管理的新形势、新需求下，自动化运行、远程监控、线上服务、智慧运营的重要性更加凸显，环保产业数字化转型势在必行。

当前，支撑环保产业全面数字化发展的技术、产业和基础设施尚不完全成熟，未来10～20年，数字化需求和供给之间的互动、升级将成为数字化发展的主旋律。其中，企业数字化转型的速度受产业特点和资金状况等因素影响，会呈现较大差异。政府应出台具体政策加强对智慧技术研发、智慧水厂建设、智慧水务运营产品开发应用的资金支持和鼓励扶持力度，加快实现城市水系统等生态环境治理系统的智慧管理。

6.4 小结

新冠疫情考验了我国环保产业的效率和韧性，也为其发展提供了新的方向与机遇。疫情期间，环保产业特别是水处理、水环境和水生态产业供给侧和需求侧两端同时迎接冲击，城市环境基础设施稳定运营压力陡增，生产成本增加，市场供应和项目建设一度受阻或停滞，环保企业稳定发展承压较大。为有效应对疫情对环保产业冲击，国家和地方政府加强了供水、医疗废水、城市污水处理的监督管理，并出台帮扶政策助力环保行业复工复产，保障了产业对疫情防控的有力支撑；环保企业快速组织了生产，确保了各类水处理装备和药剂稳定高效供应、供水与污水处理基础设施安全稳定运行，为治污防疫保驾护航。新冠疫情使得环保产业在公共安全领域的作用更加凸显，也在供应链体系完善、环境应急管理体系建设、数字化智慧化转型等方面为环保产业发展提出了新要求，指明了新挑战，提供了新机遇。

参考文献

[1] 张见.新冠肺炎疫情冲击下物资采购风险分析[J].经营管理者,2020(10):100-101.

[2] 疫情冲击下的全球供应链重组[EB/OL].(2020-03-15).http://baijiahao.baidu.com/s?id=16611870596044000032&wfr=spider&for=pc.

[3] 2020年1—6月全国国有及国有控股企业经济运行情况[J].中国财政,2020(15):87.

[4] 财政部公布2020年1—10月全国国有及国有控股企业经济运行情况[J].中国有色金属,2020(24):22.

[5] 163家环保上市公司2020年上半年业绩盘点[R/OL].(2020-09-11).https://huanbao.bjx.com.cn/news/20200911/1103653.shtml.

[6] 2020年第二季度部分城市公共就业服务机构市场供求状况分析[J].中国人力资源社会保障,2020(9):34-35.

[7] 张毅.就业形势总体改善重点群体保障有力[EB/OL].(2021-01-19).http://www.stats.gov.cn/tjsj/zxfb/202101/t20210119_1812590.html.

[8] 田静,吴刚,张艳天.新冠疫情对生态环境监管的挑战及应对策略——以江苏省为例[J].能源与环境,2020(5):64-66.

[9] 众志成城、携手并进、抗击疫情——环保装备企业在行动[EB/OL].(2020-02-13).https://www.hbzhan.com/news/Detail/133409.html.

[10] 王瑞芳.环保装备支援抗疫一线 高端"硬核"发挥重要作用——宜兴环科园抗击疫情在行动[J].中国环境产业,2020(4):5-6.

[11] 疫情之后,环境产业在公共安全领域作用凸显[EB/OL].(2020-05-22).http://www.zghbcyyjy.cn/?p=20517.

[12] 王凯军.面对疫情,我国污水处理体系面临大考[EB/OL].(2020-04-15).https://huanbao.bjx.com.cn/news/20200415/1063476.shtml.

第7章　我国应对新冠病毒传播的环境科技行动

　　环境介质是病毒传播的重要途径。新加坡国家传染病中心证实新冠肺炎患者室内固体表面存在病毒残留[1]，中国工程院院士钟南山团队证实新冠肺炎患者粪便中可分离出活病毒，存在粪口传播风险[2]。同时，也暗示病毒传播可能存在从"马桶→市政管网→污水处理厂→水环境或大气环境"的潜在传输与暴露路径。因此，亟须探究病毒的富集检测方法、环境传播风险、管控技术方法以及防疫化学品大量使用导致的环境次生风险等关键科技问题。此方面的科技成果，主要包括疫情及常态化防控期间，如何缓解新冠病毒对污水处理体系的冲击，如何保障疫情期间的饮用水安全，如何通过监测污水病毒实现辅助疫情早期预警。此外，疫情期间，辅助国家各部委起草出台了疫情防控相关指导文件，构建了一系列数据库等信息平台，在抗击新冠病毒传播过程中发挥了至关重要的作用。

7.1　我国应对新冠疫情启动的环境科技专项

7.1.1　国家和地方启动的应急科技专项

（1）国家部委启动的应急科技项目

为认真贯彻习近平总书记对新冠病毒感染肺炎疫情的重要指示精神，深入落实李克强总理批示和国务院常务会议、国务院联防联控机制电视电话会议要求，科技部同国家卫生健康委、发展改革委、教育部、财政部等部门和单位成立科研攻关组，组织协调全国的优势科研力量，迅速启动应急科技攻关项目。截至2021年3月底，在病毒溯源、传播途径、动物模型建立、感染与致病机理、快速免疫学检测方法、基因组变异与进化、重症病人优化治疗方案、应急保护抗体研发、快速疫苗研发、中医药防治等方面共部署了15个科技攻关项目，详情如表7-1所示。

国家部委启动的疫情科技攻关项目（截至2021年3月底）　表7-1

立项时间	立项单位	立项核心内容
2020.1.22	国家自然科学基金委员会[3]	感染与致病机理、病毒溯源、传播途径、重症病人优化治疗方案、快速疫苗研发
2020.1.22	中华人民共和国科学技术部[4]	病毒溯源、快速疫苗研发、动物模型建立、快速免疫学检测方法
2020.2.3	国家中医药管理局[5]	中医药防治、感染与致病机理
2020.2.8	中华人民共和国科学技术部[6]	应急保护抗体研发、快速免疫学检测方法
2020.2.24	国家自然科学基金委员会[7]	感染与致病机理、传播途径
2020.3.11	国家自然科学基金委员会[8]	感染与致病机理、应急保护抗体研发

立项时间	立项单位	立项核心内容
2020.4.28	中华人民共和国科学技术部[9]	传播途径、感染与致病机理、基因组变异与进化
2020.5.7	国家自然科学基金委员会[10]	感染与致病机理、基因组变异与进化、病毒溯源
2020.5.12	中华人民共和国科学技术部[11]	重症病人优化治疗方案
2020.5.15	国家自然科学基金委员会[12]	感染与致病机理
2020.6.12	国家自然科学基金委员会[13]	快速疫苗研发、感染与致病机理
2020.6.22	国家自然科学基金委员会[14]	快速疫苗研发、感染与致病机理
2020.7.1	国家自然科学基金委员会[15]	快速疫苗研发、感染与致病机理、快速免疫学检测方法
2020.7.6	中华人民共和国科学技术部[16]	快速疫苗研发、中医药防治、快速免疫学检测方法
2020.7.23	中华人民共和国科学技术部[17]	快速免疫学检测方法、感染与致病机理、传播途径

（2）部分省市启动的应急科技项目

按照中华人民共和国科学技术部抓紧推动新型肺炎疫情防控应急科技攻关的部署，全国各地积极整合产学研力量，围绕一线疫情防控紧迫需求和重点突破方向，部署新型肺炎应急科技攻关专项。据不完全统计，截至2020年4月7日，各省市开展应急科技项目400多项（图7-1）。其中广东省98项、湖北省（包括武汉）67项、湖南省52项，各省主要研究方向如表7-2所示。

7.1.2 国家和地方启动的环境应急科技项目

国家和地方启动的应急科技项目中有7项环境相关科技专项，即科技部启动并由中国工程院承担的应急攻关项目《新冠病毒传播与环境关系及风险防控》，国家自然科学基金委启动的重大项目《重大疫情的环境安全与次生风险防控》，广西壮族自治

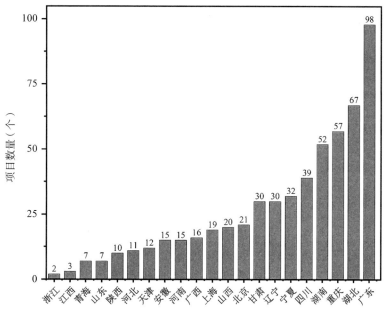

图7-1　各省市启动的疫情应急科技攻关项目

（截至2020年4月7日，不完全统计）

各省市应急科技攻关专项启动情况　　　　表7-2

时间	发布机构	攻关内容
2020.1.23	山西省科学技术厅[18]	疫苗研发、中医药防治、传播途径
2020.1.23	深圳市科学技术局[19]	快速免疫学检测方法、中医药防治、疫苗研发
2020.1.23	青海省科学技术厅[20]	中医药防治、传播途径
2020.1.25	武汉市科技局[21]	中医药防治、病毒溯源
2020.1.25	重庆市科学技术局[22]	中医药防治、快速免疫学检测方法、基因组变异与进化
2020.1.27	福建省科学技术厅[23]	传播途径、快速免疫学检测方法、疫苗研发、中医药防治
2020.1.27	甘肃省科学技术厅[24]	传播途径、快速免疫学检测方法、中医药防治
2020.1.28	安徽省科学技术厅[25]	传播途径、中医药防治、基因组变异与进化
2020.1.28	天津市科学技术局[26]	快速免疫学检测方法、中医药防治、疫苗研发

时间	发布机构	攻关内容
2020.1.29	湖南省科学技术厅[27]	快速免疫学检测方法、疫苗研发
2020.1.31	四川省科学技术厅[28]	中医药防治、疫苗研发、快速免疫学检测方法、传播途径、重症病人优化治疗方案
2020.1.31	河南省科学技术厅[29]	疫苗研发、快速免疫学检测方法、中医药防治、传播途径
2020.1.31	贵州省科学技术厅[30]	传播途径、感染与致病机理、快速免疫学检测方法、疫苗研发、中医药防治
2020.2.2	宁夏回族自治区科技厅[31]	快速免疫学检测方法
2020.2.3	广西壮族自治区科学技术厅[32]	中医药防治
2020.2.3	北京市科学技术委员会[33]	传播途径、快速免疫学检测方法、应急保护抗体研发
2020.2.4	东莞市科学技术局[34]	快速免疫学检测方法、疫苗研发、中医药防治
2020.2.4	广西壮族自治区科学技术厅[35]	中医药防治
2020.2.6	河北省科学技术厅[36]	感染与致病机理、快速免疫学检测方法
2020.2.7	山东省科学技术厅[37]	快速免疫学检测方法、重症病人优化治疗方案、中医药防治、疫苗研发
2020.2.10	江西省科学技术厅[38]	疫苗研发、感染与致病机理、传播途径
2020.2.13	安徽省科技局[39]	中医药防治、疫苗研发
2020.2.14	湖北省科学技术厅[40]	中医药防治、感染与致病机理、重症病人优化治疗方案、应急保护抗体研发
2020.2.17	广西壮族自治区科学技术厅[41]	中医药防治、重症病人优化治疗方案
2020.2.18	湖南省科学技术厅[42]	感染与致病机理、疫苗研发
2020.2.21	湖北省科学技术厅[43]	快速免疫学检测方法、感染与致病机理、中医药防治
2020.2.26	广西壮族自治区科学技术厅[44]	感染与致病机理、中医药防治
2020.2.29	河南省科学技术厅[45]	快速免疫学检测方法、传播途径、中医药防治、疫苗研发
2020.3.2	广西壮族自治区科学技术厅[46]	快速免疫学检测方法、感染与致病机理
2020.3.9	武汉市科技局[47]	快速免疫学检测方法、中医药防治

续表

时间	发布机构	攻关内容
2020.3.10	湖北省科学技术厅[48]	感染与致病机理、重症病人优化治疗方案
2020.3.10	河北省科学技术厅[49]	传播途径、感染与致病机理、应急保护抗体研发、疫苗研发
2020.3.24	浙江省科学技术厅[50]	基因组变异与进化、疫苗研发
2020.3.31	四川省科学技术厅[51]	疫苗研发、快速免疫学检测方法、中医药防治
2020.4.1	武汉市科技局[52]	医疗废物、废水污泥处置
2020.4.3	广西壮族自治区科学技术厅[53]	应急保护抗体研发、中医药防治
2020.4.17	武汉市科技局[54]	感染与致病机理

区科技厅启动的《医院负压隔离病房通风系统防控新型冠状病毒传播的集成技术研究与示范》项目，河南省科技厅启动的《医疗废物无害化应急处置设备及工艺的研发》应急项目[45]，以及武汉市科技局启动的《新冠病毒疫情期间武汉市消毒液使用及其生态环境影响研究》《新冠肺炎期间大量消毒剂使用对武汉市地表水环境的影响及对策研究》与《新冠病毒疫情期间医疗废物、医疗废水污泥处置及土壤—地下水影响及治理对策》[55]。此外，环境领域科研工作者自主开展水系统中的病毒检测等多项疫情防控相关科研工作，取得了系列成果。

（1）科技部环境应急科技攻关项目

2020年2月初，由中国工程院承担、清华大学牵头的国家应急攻关项目《新冠病毒传播与环境关系及风险防控》启动。项目聚焦病毒传播与复杂环境介质之间的关系、有效阻断病毒传播风险的技术与装备、防疫化学品环境次生风险及防控策略，以期为防控疫情和环境次生风险提供技术支撑。截至目前，除此项目，其他项目的成果展示甚少，因此本章后续内容将主要基于该应急攻关项目，系统梳理并介绍新冠疫情期间环境相关科技行动取得的突破和成果。

（2）国家自然科学基金委环境应急科技攻关项目

2020年3月11日，国家自然科学基金委员会针对《重大疫情的环境安全与次生风险防控》发布重大项目指南。鉴于国内外学术界对于疫情期间病毒存活、传播与环境介质的相互作用关系还缺乏科学认知、尚存在理论基础和应对方法的难题，建立复杂环境介质中病毒检测分析与阻断控制的原理、方法和技术体系，实现疫情防控和环境次生风险协同控制，可为实现重大公共卫生事件中疫情防控和环境安全提供保障。对于健全国家公共卫生应急管理体系，提升国家应对重大公共卫生事件能力等，具有长远影响和重要的现实意义。目前，此项目仍在执行初期，陆续将会有成果发布。

（3）部分省市启动的环境相关应急科技项目

广西壮族自治区、河南省、湖北省根据疫情防控需求，先后设立了5个相应的环境应急科技项目（表7-3）。为阻断病毒传播，广西壮族自治区开展了《医院负压隔离病房通风系统防控新型冠状病毒传播的集成技术研究与示范》项目[52]；针对疫情防控产生的医疗废物无害化处理技术难题，河南省设立了《医疗废物无害化应急处置设备及工艺的研发》应急项目[45]；为补齐疫情应急防控中的生态短板，武汉市科技局先后启动《新冠病毒疫

部分省市启动的环境相关应急科技项目（不完全统计） 表7-3

时间	发布机构	攻关内容
2020.2.20	广西壮族自治区科技厅[56]	传播途径
2020.2.29	河南省科技厅[45]	医疗废物无害化
2020.3.10	武汉市科技局[46]	次生风险
2020.4.1	武汉市科技局[52]	医疗废物无害化
2020.4.17	武汉市科技局[54]	次生风险

情期间武汉市消毒液使用及其生态环境影响研究》《新冠肺炎期间大量消毒剂使用对武汉市地表水环境的影响及对策研究》《新冠病毒疫情期间医疗废物、医疗废水污泥处置及土壤—地下水影响及治理对策》三项针对疫情期间水生态环境与安全的应急科技攻关课题[55]。

2020 年 2 月 20 日，广西大学联合南宁德高仕净化工程有限责任公司、广西益江环保科技股份有限公司、广西壮族自治区人民医院等单位开展《医院负压隔离病房通风系统防控新型冠状病毒传播的集成技术研究与示范》项目研究[56]。该项目以广西"小汤山"医院—自治区人民医院邕武医院隔离病房为示范点，通过两个负压隔离病房建设，在空调通风系统中集成设备选择、新风净化、回风过滤、排风过滤—原位消毒、冷凝水收集—原位消毒、在线监控、应急修复、应急消毒、既有建筑改造等技术与装备，解决空调通风系统应对突发疫情的安全应急问题，有效阻断新型冠状病毒在空气中的传播。

2020 年 2 月 28 日，河南省第二批新型冠状病毒防控应急攻关项目正式启动。其中，郑州轻工业大学《医疗废物无害化应急处置设备及工艺的研发》项目针对疫情防控产生的医疗废物无害化处理技术难题开展研究[57]，及时、高效、无害化处置疫情期间产生的医疗废物，避免病毒扩散，有效防止疾病传播。

2020 年 3 月 10 日，武汉市科技局将湖北省环境科学研究院的《新冠病毒疫情期间武汉市消毒液使用及对生态环境影响研究》项目和湖北工业大学研究的《新冠肺炎期间大量消毒剂使用对武汉市地表水环境的影响及对策研究》项目纳入武汉市应急科研项目管理[58]。3 月 15 日，中国地质大学（武汉）牵头负责的武汉市新型冠状病毒感染的肺炎应急技术攻关专项《新冠疫情期间医疗废物、医疗废水污泥处置及土壤—地下水影响及治理对策研究》正式启动[59]，主要研究内容包括：医疗废物安全处理与处置；医疗废水安全处理处置对策及高敏感水域水生态修复研究；医疗污泥无害化和减量化处理处置方案及风险控制研究；土壤—地下水病原微生物的环境风险评估与治理对策研究等。该专项研究成果为政府有关部门制定科学的防治措施提供重要依据。

7.2 主要环境科技行动及成果

7.2.1 水环境中新冠病毒的富集与检测

反转录定量PCR（RT-qPCR）是目前使用最为广泛的新冠病毒检测技术，常用的检测靶向位点位于新冠病毒的ORF1ab基因、S基因、包膜蛋白E基因、核衣壳蛋白N基因和RdRP基因。针对新冠病毒的ORF1ab基因、E基因及N基因设计的三对引物同时扩增可以保证新冠病毒的高效检出[60, 61]，香港大学与北京疾病预防控制中心等单位合作，建立了针对ORF1ab基因和N基因的新冠病毒实时荧光定量qPCR检测体系[62]，该体系具有高灵敏性和高特异性。我国利用逆转录环介导恒温实时扩增法（RT-LAMP）可同时检测新冠病毒的ORF1ab基因、E基因和N基因，所检测的208个临床标本的特异性为99%。RT-LAMP的扩增效率优于RT-qPCR，只需在60～65℃恒温条件进行扩增，通常在1h内即可完成病毒核酸的检测，具有灵敏度高、反应迅速等优点，且不需要昂贵的设备，可在短时间内快速获得检测结果。

然而在水环境介质中，新冠病毒的浓度往往很低，检测之前通常需要富集浓缩过程，样品的富集与检测比临床样本难度更高。针对水环境等环境介质中新冠病毒的快速精准检测，疫情期间我国在新冠病毒富集与检测方面取得的主要成果如下。

（1）建立环境介质新冠病毒采样与富集浓缩检测方法

疫情期间，清华大学和北京师范大学团队建立了水、气、固、土等不同环境介质中，新冠病毒的样品采集、富集浓缩、核酸定量检测的标准方法，编制了《环境样品新型冠状病毒富集浓缩通用技术规范》，并报送生态环境部，为准确研判新冠病毒在疫区各类环境介质中的赋存浓度和传播风险提供了基础方法。针对污水样品成分复杂、新冠病毒含量低的特点，开发了水样病毒快速富集浓缩方法（图7-2），显著提高了新冠病毒富集倍数；针对污水样品富含干扰物、影响核酸检测精度的技术难题，优化了新冠病毒RNA提取方法和引物探针，提高了针对环境样品的核酸检测精度，达到国际先进水平，实现了污水中新冠病毒的快速精准检测。

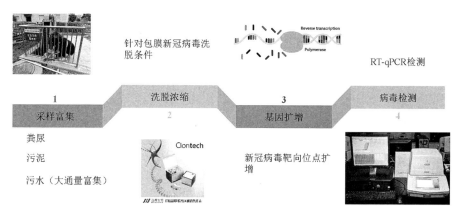

图7-2 环境介质新冠病毒采样和富集方法

（2）研制开发空气病毒样品现场自动采样机器人

空气流动性强、采样风险高是空气病毒采样的技术瓶颈，自动采样机器人（图7-3）可以在医疗及公共场所进行全自动程序化扫描式的气溶胶样品采集，操作人员无须进入高风险区域，通过指令操控机器人采集任何指定区域的气溶胶样品，并进行样品安全运输，在降低工作人员暴露风险的前提下，实现了气溶胶样品中新冠病毒的现场快速检测。

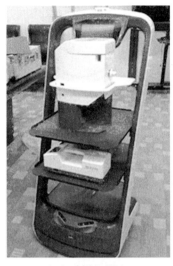

（a）采样机器人　　　　　　　（b）患者呼出气采样器

图7-3　空气病毒采样机器人与全自动采样器
（来自北京大学要茂盛教授团队）

（3）赴武汉开展环境介质中新冠病毒采样检测

疫情初期，在武汉抗疫一线现场，开展不同环境介质的样本采集和新冠病毒检测工作。采样地点涵盖7个定点医疗机构、13个排水系统、9个受纳湖泊水体、15个饮用水源地，累计采集气溶胶样品204份、固体表面样品531份、水体样品400余份、医疗废物样品43份、其他环境介质样品100余份，共1000余份环境样品，是疫情期间我国首套排水系统全流程样本、首个新冠病毒阳性土壤样本、我国首套"呼出—传播—呼入"的完整传播链条新冠病毒阳性气溶胶样本。此项工作全面揭示了新冠病毒在定点医院、方舱医院、居民生活区、市政排水管网等室内环境与周边外环境中的分布与残存浓度，为系统评估新冠病毒的环境传播风险以及疫情防控决策提供了重要依据。

7.2.2 环境介质中新冠病毒的赋存与传播规律

（1）研究定点医院室内气溶胶新冠病毒分布特征

2020年2月16日至3月14日，武汉病毒所团队、清华大学团队收集了武汉市金银潭医院、方舱医院等共计204份气溶胶样本、467份固体表面样本。科研人员使用RT-qPCR检测新冠病毒的基因组拷贝数，发现不同环境中的气溶胶新冠病毒核酸阳性率为：ICU＞CT室＞普通病房＞办公室＞室外。病人口罩中新冠病毒核酸阳性率39.1%，ICU气溶胶中新冠病毒核酸阳性率为21.1%，健康医务人员口罩新冠病毒核酸阳性率为0，呼吸面罩过滤器新冠病毒核酸阳性率为100%，研究结果表明医务人员在做好充分个人防护的前提下，可以有效阻断病毒室内传播。此外，研究发现定点医院重症室固体表面新冠病毒核酸阳性，需要严格消杀和防护。医院气切、插管室等环境空间存在气溶胶传播风险，但室外感染概率极低。

（2）初步探究新冠病毒多介质赋存与传播规律

疫情常态化阶段，在医院外环境土壤中发现新冠病毒核酸阳性，表明新冠病毒可能存在"水、气、土"的环境传播途径。同时揭示了土壤中病毒的存活规律与机制，提出土壤是病毒重要的载体和潜在次生传播源。此外，检测到污水、气溶胶及土壤中新冠病毒核酸的拷贝数分别为：255-18744/L、285-1130/m³、205-550/g。

（3）揭示室内外气溶胶新冠病毒传播规律及机制

北京大学团队与北京市朝阳区疾病预防控制中心合作，采集并检测到了早期新冠患者呼出气中的新冠病毒，证实了人体呼吸本身就是非常重要的新冠病毒的传播方式。同时提出飞沫传播和气溶胶传播的临界距离为2.5m，这项研究发现为携带新冠病毒飞沫粒径范围和传播距离的确定提供了参考，同时为武汉一线医院室内病毒气溶胶传播风险评估提供科技支撑。

（4）提出新冠病毒疫情环境溯源和病毒生态屏障传播的科学假设

承担国家应急攻关重大项目的清华大学团队提出新冠病毒可沿"野外动物→环境介质→野外或职场活动人类→聚集区人类→大规模爆发"的途径传播扩散的思路（图7-4）。关于疫情起源，国际上以伦敦动物学会的Andrew Cunningham教授和伦敦大学学院生态与生物多样性系主任的Kate Jones为代表的观点认为，人畜共疫外溢或转移可造成疾病的转移与传播。环境溯源科学假设的提出，发出了新冠病毒溯源的中国声音，提出"新冠病毒来源地未定，可能来源于地球上任一动物栖息地等环境显著改变地区"的观点，该成果发表在中国工程院院刊《Engineering》期刊[63，64]。该研究还提出，生态屏障包含物种屏障和地理屏障，生态屏障是决定病毒感染人群概率的关键因子。因此，如果人类活动显著破坏生态屏障，将提高新型未知病毒进入人群的概率，该研究有助于预测新发传染病高风险区域和建立生态屏障保护机制，相关成果发表在《Engineering》期刊[65]。

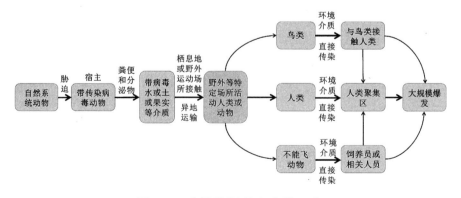

图7-4　疫情溯源的生态学思考

7.2.3 水环境新冠病毒的风险识别与管控

（1）明确了"医院—管网—污水厂"的关键风险节点

疫情期间，清华大学团队、湖北省环科院评估了医院新冠病毒介水传播关键节点，并提出了相应的防控策略。武汉疫区社区化粪池淤泥中新冠病毒核酸检测呈阳性，表明化粪池是病毒传播的重要风险节点。为防止疫情扩散，清淤转运人员需必要防护，避免扰动，进行无害化处置。同时，研究证实了污水厂格栅间、沉砂池、曝气池、污泥脱水车间等存在气溶胶传播风险，明确了污水处理厂中的高风险单元为格栅间、生物处理及污泥脱水间，同时确定了医院污水/粪尿等介水传播关键节点，并提出传播防控策略（图7-5），还提出了重点区域人员的防护策略。

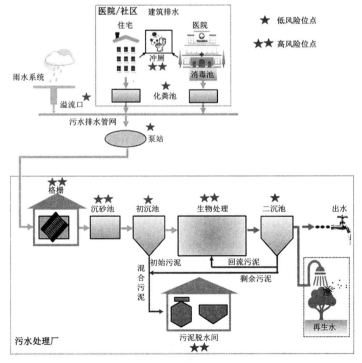

图7-5　"医院→管网→污水厂"关键风险节点

（2）全面识别城市排水系统新冠病毒传播风险

疫情期间，清华大学团队采集了武汉全市范围内9个湖泊、汉江、长江等中的105个水样，对武汉市排水系统进行了全流程检测与风险评估，全面识别了城市排水系统中新冠病毒的传播风险。研究结果表明定点医院排放的污水中新冠病毒核酸检测呈阳性，证实医院废水存在新冠病毒的传播风险；社区排水管网中污水病毒核酸检测呈弱阳性，存在一定的新冠病毒传播风险；污水厂出水中未检出新冠病毒，说明病毒进入受纳水体的风险低；所有受纳水体样本新冠病毒核酸检测呈阴性，进一步证实了受纳水体中新冠病毒的传播风险很低。综合以上研究结果可以得出，疫情期间武汉市全面消杀可保障我国城市排水系统中的新冠病毒风险逐步降低，受纳水体中的新冠病毒传播风险极低。

此外，同济大学团队在上海定点医院展开研究，评估了非疫情集中爆发城市污水处理系统中新冠病毒的传播风险。通过对定点医院及相应污水厂取样检测分析，发现定点医院污水中的4个样品为核酸阳性，揭示新冠病毒可能通过进入排水管网产生传播风险；污水厂出水井中的6个样品均为核酸阴性，证实了新冠病毒进入受纳水体的风险很低。已有研究结果均证实，疫情期间城市排水系统全流程新冠病毒风险级别情况为：高风险节点包括医院化粪池、家庭卫生间；中风险节点包括污水处理站、社区排水系统；低风险节点包括排水管网、污水厂、受纳水体。

（3）开发基于污水病毒检测的溯源与预警方法，服务于公共卫生防控

疫情常态化防控期间，在北京医院排水、污水管网、受纳河道采集近100个水样，通过优化污水中新冠病毒富集浓缩检测方法进行病毒核酸检测。结果显示，在北京新发地2020年6月12日疫情暴发前3天（2020年6月9日）的污水样品中检测出新

冠病毒核酸，N1基因检出100拷贝数/L，推测感染人数30人，基于污水监测预测的感染病例数与累计收治感染病历人数（丰台累计出现症状人数31人）基本吻合。此外，通过采集居民社区水样、泥样、气样进行分析，得到社区总排水口污水样品中新冠病毒核酸检测结果为阳性，此结果与社区存在新冠肺炎病例情况相关。该监测技术可用于快速筛查高风险社区，为居民社区疫情防控提供保障。例如香港大学团队开展了香港污水中新冠病毒的分析和监测，用以辅助社区公众疫情防控。特区政府利用污水病毒监测技术，溯源锁定患者的居所方位，再对全幢大厦进行全员核酸检测，累计筛查出早期感染病历超过50人。

7.2.4 城市水系统次生风险评估及方法

（1）发现抗疫化学物质可能导致环境次生风险

疫情期间，次氯酸钠每天消耗量大于30t（图7-6），是次生风险如余氯、消毒副产物等的主要产生原因。疫情期间，武汉市地表水受到化学物质污染，其中检测到余氯在污水处理厂出水和河湖中的浓度分别为0.36～0.64mg/L和0.01～0.09mg/L，亚硝胺类DBPs的浓度范围为19～470ng/L，同时检测到具有显著风险浓度的消毒副产物二氯乙酸（0～900μg/L）和三氯甲烷（5～10μg/L），这些消毒副产物可能导致水生态风险。另外，武汉市地表水中药物利巴韦林和阿奇霉素等检出率和含量较高，微量有机物如挥发酚、石油类和阴离子表面活性剂等浓度较低。疫情暴发期，水体余氯浓度峰值可以导致多种水生物种产生急性效应甚至死亡，在部分地表水体监测点位可观察到死鱼现象。如果患者按照《新型冠状病毒肺炎诊疗方案》用药一个疗程，利巴韦林可对武汉水生态环境造成风险（RQ＞1）。此外，卤乙酸类、

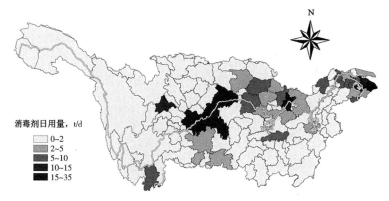

图7-6　长江流域污水处理厂消毒剂使用量模拟评估

（来自清华大学余刚教授团队）

三氯甲烷、亚硝胺类等消毒副产物也可能导致水生态风险。

　　2020年1月23日至2020年4月21日期间，通过研究分析获得水体中的余氯累积量中位数为4.1t，水体中消毒副产物的累积量中位数为311kg。通过对长江流域19个省份、135个地级市污水厂消毒剂使用量进行模拟评估，证实不同城市因排水规模不同，消毒剂日用量差异较大，其中湖北省特别是武汉因消毒强度大，消毒剂用量处于中高水平（图7-7）。研究从区域尺度上评估

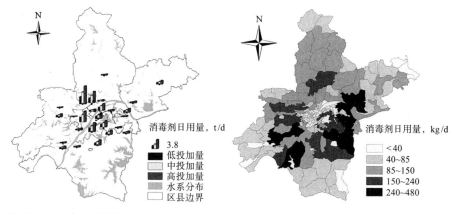

（a）生活污水尾水消毒中次氯酸钠使用量　　（b）市政道路喷洒消毒次氯酸钠使用量

图7-7　新冠疫情期间武汉市抗疫化学物质使用量估算

（来自清华大学余刚教授团队）

了环境次生风险源强度，并将动态物质流分析与不确定性分析相结合，建立了区域尺度疫情环境次生风险的系统评估方法，为精准评估环境次生风险提供理论工具。通过评估武汉疫情后期消毒剂、消毒副产物、药物的潜在环境次生风险，发现疫情后期余氯和消毒副产物在水环境中的整体浓度较低，引起环境次生风险的可能性显著降低。洛匹那韦和利托那韦是水环境中主要检出的治疗过程新冠肺炎患者使用的抗病毒药物，7月水环境中抗病毒药物浓度明显低于5月，环境次生风险显著降低。

（2）指导全国污水厂消毒剂合理用量并揭示污水厂消毒剂过量投加的潜在风险

疫情期间，2019年1～2月和2020年1～2月期间对全国39座城镇污水处理厂的氯消毒药剂投加量进行对比，发现次氯酸钠、紫外+次氯酸钠、二氧化氯三种消毒方式投加量分别提升了50%、113%、15.8%。全国56座污水处理厂中多数存在氯消毒接触时间不足现象，其中24座出水余氯出现过高现象，出水余氯平均值为1.12mg/L（0.09～8.5mg/L），总余氯浓度在0.20mg/L以上的占比达到70%。此研究成果发现疫情期间普遍存在消毒剂过量使用的现象，指导全国污水厂消毒剂的合理用量。此外，过量消毒剂可能导致环境微生物稳定性下降、环境应激、细胞生长等潜能上升，代谢潜能下降。同时可能导致肠道菌群失衡，扰乱生长与运动行为，影响内分泌系统能量和基础物质代谢。疫情期间防疫化学品大量进入环境，一定程度上影响了环境中的微环物群落，微生物群落对此产生响应并通过自我调节逐渐恢复，但该过程较为缓慢。

（3）构建重大疫情环境次生风险安全保障系统

疫情期间，构建了"医院排口管控–集中水处理系统排水管控–区域周边河流水系管控"的水环境风险"三级防控"系统，可以实现常态化防控次生风险生态安全保障系统。同时构建了重大疫情次生风险环境应急平台，通过整合各预警监控点，基于大数据和信息化技术，建设了重大疫情环境风险应急平台，从而实现应急机制常态化的目标。

7.2.5 新冠病毒风险管控技术措施与成效

新冠病毒可被紫外、高温（56℃，30min）及化学消毒物质（如含氯消毒剂、75%酒精、过乙酸、氯仿等）灭活。新冠疫情期间针对城市污水处理系统效果最好的消毒方式为加氯消毒，主要原因为氯消毒对水质要求比较低，且对各类病原微生物杀毒效果都比较好，广谱性高。

（1）有效阻断武昌方舱医院排水系统新冠病毒的传播风险

检测研究结果发现，武昌方舱医院未充分消毒的医院污水处理设施出水新冠病毒核酸检测为阳性，存在很高的病毒传播风险。清华大学团队通过改进方舱医院的消毒工艺[66]，增加消毒剂的用量和接触时间，使得医院出水新冠病毒核酸检测为阴性，降低了新冠病毒的传播风险。随后清华大学团队向武汉市水务局提出改进建议，及时有效阻断了武昌方舱等地排水系统中新冠病毒的传播风险。

（2）开展室内环境监测与通风效果优化研究

清华大学建筑学院在疫区布设空气质量监测微站，其中武昌方舱医院7台，雷神山医院44台，金银潭医院40台，以$PM_{2.5}$、CO_2浓度等指标评估新冠病毒气溶胶含量，提出了《东西湖方舱空气净化器和采暖调整建议》《雷神山医院通风改进建议》《ICU病房通风改进建议》，指导了武汉医院与方舱医院采用合适的阻断病毒传播的通风措施。

（3）提出建筑立管中气溶胶暴露风险阻断策略

卫生间通风受限条件下，马桶冲洗产生的气溶胶滞留时间可超过4小时，强制机械通风可有效抑制气溶胶扩散，降低室内人群暴露和感染风险。提出了家庭卫生间强化气溶胶扩散、降低传播风险策略，为降低密闭空间气溶胶传播风险提供理论依据和方案。地漏水封是阻断气溶胶传播扩散的重要屏障，可有效避免气溶胶逃逸、滞留在室内产生感染风险。顶楼通风帽是卫生间气溶胶逃逸的重要通道，呼吸区（1.5m）气溶胶浓度随通风帽高度升高而降低，疫期应避免居户楼顶活动，研究为降低居民楼排水系统气溶胶传播风险提供数据支撑。

（4）发现重点疫区空气质量无显著变化

中科院合肥所在疫区布设大气环境流动监测车，集成7套大气环境立体探测设备，连续监测230余种挥发性有机物和20余种有毒有害气体。通过对疫区大气环境次生风险快速监测和评估，未见武汉市区及周边地区的空气质量发生显著变化。通过对重点区域室外空气环境风险评估，未发现定点医院、隔离点附近VOCs和其他有毒有害气体明显排放增强的现象。

7.2.6 成套技术装备开发

（1）高风险社区排水系统应急消毒设备

针对疫情期间应急物资匮乏、运输受阻、用量激增的现状，研发了以价廉易得的食盐（NaCl）为原料的次氯酸钠电化学在线高效制备技术（图7-8）和设备（图7-9）。此设备可实时监测用水水量，及时调整设备运行状态和投量，实现安全消杀，避免过量投加以及可能的水环境次生风险。

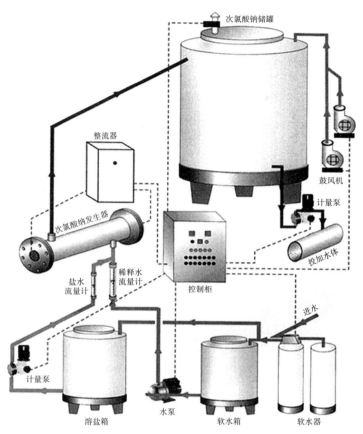

次氯酸钠储罐

整流器

鼓风机

次氯酸纳发生器

计量泵

投加水体

盐水流量计

稀释水流量计

控制柜

进水

计量泵

水泵

溶盐箱

软水箱

软水器

图7-8　高风险社区排水系统应急消毒设备工艺原理示意图

（来自湖北省环科院蔡俊雄院长团队）

图7-9　高风险社区排水系统消毒设备样机示意图

（来自湖北省环科院蔡俊雄院长团队）

（2）UV-LED新型废水病毒灭活技术装备

为解决氯消毒剂过程产生的余氯、消毒副产物等引发的环境次生风险问题，同时评估不同波长、紫外强度对水中噬菌体灭活的效果，优化确定最佳工艺参数，开发了UV-LED新型废水病毒灭活装备（图7-10），设计应急消毒装备样机，应用紫外绿色消杀技术助力常态化疫情防控。

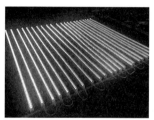  

（a）UV-LED灯管　　　　（b）应急消毒装置　　　（c）应急消毒装置可能的
　　　　　　　　　　　　　　　　　　　　　　　　　　　　应用场景

图7-10　UV-LED新型废水病毒灭活技术装备

（来自哈尔滨工业大学马军院士团队）

（3）"五位一体"空气病毒消杀装备

常态化疫情防控阶段，研发了可将新风处理系统、排风处理系统、室内净化系统、室内消毒系统和环境功能材料系统有机协同，最终达到消杀阻断新冠病毒水平可高达99.9996%的"五位一体"成套装备，此装备全面降低了室内气溶胶的传播风险。

（4）排风系统高效病毒过滤和消杀装备

该设备耦合了H13-H14等级滤材的滤网，同时采用高效过滤和原位紫外灭毒组合技术耦合臭氧的高效杀菌消毒方法，解决了出风口残留臭氧的泄漏问题。此设备病毒的截留效率＞99.99%，杀灭效率＞99.99%，全面降低了通风系统气溶胶传播风险。

（5）废水流行病学监测的生物传感器

研发了智能一体化环境病毒在线检测设备，助力新冠病毒现场快速检测[67]。该新冠病毒快速在线检测设备的富集模块可以分别实现对于空气或水体样本中病毒的快速自动捕获，富集效率可达100～300倍，最终形成3mL病毒浓缩液，便于后续检测环节。该设备引入了环介导等温核酸扩增技术。通过自主研发的超小型扩增平台，可以实现病毒核酸稳定逆转录和高保真扩增检测，精准确定病毒载量，准确甄别阳性样本。

7.3 环境科技行动在抗疫中发挥的作用

水环境领域开展的科技行动及所取得的成果，在化解疫情对水系统的冲击、辅助疫情早期预警与常态防控、深化"疫情溯源"的生态学思考等方面发挥了重要作用。

7.3.1 化解疫情对城市水系统的冲击

（1）化解疫情对城市污水体系的冲击

疫情期间，通过开发污水应急处理技术与装备，保障医院与隔离点的污水处理过程可以灭活/去除通过病例排泄物进入污水系统的大量病毒颗粒，避免病毒流入受纳水体，阻控病毒通过水环境进一步扩散的风险。例如：火神山及雷神山污水经过预消毒接触池、化粪池、提升泵站（含粉碎格栅）、调节池、MBBR生化池（移动床生物膜反应器）、混凝沉淀池、接触消毒池等工艺处理后，排入市政管网输送至城市污水处理厂。污水处置系统地基下方均按垃圾填埋场标准铺设防渗膜，雨水全收集汇入雨水调蓄池后进行消毒处理，污泥经消毒脱水后按危废集中清运处理，废气均统一收集除臭消毒后排放。

此外，疫情期间使用了大量的抗疫药品和消毒剂，这些化学品进入水环境可能会产生严重的次生生态风险，需要及时识别和管控。通过研究医疗废水及市政污水处理系统中抗疫药品和化学品的消纳效能及其次生产物的排放水平，提出抗疫药品及化学品使用的优化剂量及调控方法；探明典型药品、化学品及其次生产物在不同环境介质中的浓度水平及迁移转化规律；揭示上述污染胁迫下的生态损伤、敏感物种响应与微生态适应机制，发展受损生态系统的修复技术原理及风险调控模式，应对疫情对水系统造成的冲击。

（2）保障疫情期间饮用水生产与供应

疫情初期，生态环境部印发《关于做好应对新型冠状病毒感染肺炎疫情生态环境应急监测工作的通知》（以下简称"通知"），指导各地开展空气、地表水，尤其是饮用水水源地等生态环境质量监测工作，保障防疫期间生态环境质量安全。《通知》要求加强饮用水水源地水质监测预警，在常规监测的基础上增加余氯和生物毒性等疫情防控特征指标；做好水源保护、水质净化消毒和水质检测工作，加强饮水安全卫生知识宣传；加强水源地、取水口、水厂和输配水管网的安全巡查。2020年3月11日，生态环境部公布了对全国饮用水水源的监测结果：发现疫情防控未影响饮用水源地水质情况，武汉市9个地市级集中式饮用水源地水质全部为优，未受到消毒副产物影响，10个县级饮用水源地水质所有监测项目均达标。

针对污水与饮用水系统，智慧水务系统可以通过远程实时监控、数据收集处理，实现城市水系统无人值守，最大限度地避免工作人员暴露在有风险的水环境中，并且避免工作人员之间不必要的人际接触，保障水系统安全稳定运行的同时，降低水务工作人员的感染风险。例如，通过整合水系统中心指挥调度平台、区控中心、智慧水厂，借助数字孪生系统，精准还原水厂周边环境、地形地貌、工艺运行状况，实现BIM模型、GIS信息、工艺与水质实况的融合，水务从业者通过电脑终端或手机App，可以实时查看相关数据并进行操控。

7.3.2 辅助疫情常态防控与早期预警

（1）辅助起草出台疫情防控指导文件

科技行动支撑了多个部委制定涵盖面较广的技术指南与导则，内容涵盖：医疗废物/废水应急处置、新冠肺炎应急救治设施、施工现场疫情常态化防控、各类生活场所疫情防控技术、食品生产经营过程的疫情防控、实验室生物安全、交通运输等方面（表7-4）。

国家部委制定的指南与导则 表7-4

发布机构	文件名称
生态环境部	《新型冠状病毒感染的肺炎疫情医疗废物应急处置管理与技术指南（试行）》《新型冠状病毒污染的医疗污水应急处理技术方案》
住房和城乡建设部	《新冠肺炎应急救治设施负压病区建筑技术导则》《房屋建筑和市政基础设施工程施工现场新冠肺炎疫情常态化防控工作指南》《重大疫情期间城市排水与污水处理系统运行管理指南（试行）》《重大疫情期间农村生活垃圾应急处理技术指南（试行）》《公共及居住建筑室内空气环境防疫设计与安全保障指南（试行）》《办公建筑应对突发疫情防控运行管理技术指南》《办公、居住及医疗环境防疫设计及疫情期环境保障运行指南》
商务部	《商场、超市疫情防控技术指南》《农贸（集贸）市场疫情防控技术指南》《餐饮服务单位新冠肺炎疫情常态化防控技术指南》《展览活动新冠肺炎疫情常态化防控技术指南》
交通运输部	《公路、水路进口冷链食品物流新冠病毒防控和消毒技术指南》《新冠病毒疫苗货物道路运输技术指南》《港口及其一线人员新冠肺炎疫情防控工作指南（第三版）》

续表

发布机构	文件名称
国家卫生健康委员会	《新型冠状病毒肺炎应急救治设施设计导则（试行）》《冷链食品生产经营新冠病毒防控技术指南》《冷链食品生产经营过程新冠病毒防控消毒技术指南》《消毒剂使用指南》《新型冠状病毒感染的肺炎公众防护指南》《医疗机构内新型冠状病毒感染预防与控制技术指南（第一版）》《新型冠状病毒实验室生物安全指南（第二版）》《新型冠状病毒肺炎诊疗方案（试行第八版）》《肉类加工企业新冠肺炎疫情防控指南》《外卖配送和快递从业人员新冠肺炎疫情健康防护指南》
农业农村部	《畜禽屠宰加工企业新冠肺炎疫情防控指南（第三版）》《养殖场机械化消杀防疫技术指南》《新型冠状病毒感染肺炎疫情防控期间农产品生产经营者质量安全操作指南》

（2）新冠病毒数据信息共享平台

为了方便新冠病毒的相关研究和成果分享，国内外的科研机构纷纷建立了专题和知识服务平台、科研攻关交流平台、新冠病毒数据库和数据中心、相关科研资源库（表7-5），方便相关科研工作者及时获取新冠病毒相关的科研信息。

主要新冠病毒数据信息共享平台　　　　　　　　表7-5

名称	相关简介
新冠肺炎疫情医疗废物应急处置与管理技术在线专家支持平台	由清华大学环境学院联合生态环境部固体废物与化学品管理技术中心，协助生态环境部建立，面向全国生态环境系统开放。平台建立管理政策和风险防控、卫生防疫、疫情医疗废物管理与处置等7个在线专家组，共计95位专家，并形成了组长负责、联络员协调及专家研讨答疑的模式。在线专家支持平台已发布了68条国内外管理政策文件、发布在线课程8个，整理问题解答素材113个，通过在线方式，向疫区反馈收集居民废弃口罩、疫情医疗废物处置及风险、集中隔离点生活垃圾管理、污水污泥处理处置、水泥窑协同处置技术问题。（网址：http://bcrctraining.edusoho.cn/）
新型冠状病毒专题和知识服务与科研攻关交流平台	由中国科学院建设维护，提供疫情追踪、最新动态、病毒研究、流行病学、身段质粒、病例研究、政策法规、指南措施、领域专题、专题科研资料等方面的最新信息。（网址：http://ncov.scholarin.cn/）

名称	相关简介
国家基因组科学数据中心2019新型冠状病毒资源库	由国家生物信息中心、中国科学院北京基因组研究所、国家基因组科学数据中心、生命与健康大数据中心建设维护，具有包含病毒基因组序列发布动态、病毒基因组变异数据分析、文献等内容。平台收录了来源于NCBI的GenBank数据库和GISAID数据库发布的2019新型冠状病毒（2019-nCoV）病毒株的株名、采样日期、采样地点、样本提供单位、数据递交单位等元信息。通过该资源库还可访问到国家基因组科学数据中心基因组数据库GWH从公共数据库收录的冠状病毒科基因组和蛋白序列，用户可筛选感兴趣的冠状病毒株，个性化序列下载。（网址：https://bigd.big.ac.cn/ncov/）
国家微生物科学数据中心	由国家微生物科学数据中心和国家病原微生物资源库联合建设，由中国疾病预防控制中心、中国疾病预防控制中心病毒病预防控制所、中国科学院微生物研究所、中国科学院病原微生物与免疫学重点实验、中国疾病预防控制中心——中国科学院微生物研究所病原微生物资源与大数据联合研究中心等单位共同建设。系统具备毒种信息、引物信息、全球冠状病毒序列信息查询及分析等功能。主要包括病毒毒株信息、病毒电镜照片、核酸检测引物和探针序列、病毒基因组信息、科普知识等内容。（网址：http://nmdc.cn/#/nCoV）
COVID-19科研动态监测	由中国科学院武汉文献情报中心和中国科学院文献情报中心维护。该网站收集"2019-nCoV"国内外重要科研动态，摘编重要科研进展，每天两次报送相关科研进展，所摘编内容每天形成快报，每周将本周内相关内容按病毒溯源、流行预测、病毒检测和疾病诊断、药物研发、机理研究、政策法规等分类形成汇编。（网址：http://stm.las.ac.cn/STMonitor/qbwnew/openhome.htm?serverId=172）
新型冠状病毒感染肺炎防疫专利信息共享平台	由中国专利信息中心、国家知识产权局专利局专利审查协作北京中心维护，数据涵盖新冠肺炎治疗用药、预防用药、病毒检测、医疗器械、防护产品、环境消毒、废弃物处理、废水处理、人工智能及大数据应用等多领域。（网址：http://fy.patentstar.com.cn/）
"中国知网"新型冠状病毒肺炎	将"新型冠状病毒感染的肺炎"科技攻关列为重大选题，组织全国高质量、高水平研究成果，在中国知网进行开放获取出版，以最快的速度将科研成果转化为实际应用。（网址：https://cajn.cnki.net/xgbt）

（3）污水病毒监测辅助疫情早期预警

研究发现污水处理系统的新冠病毒监测数据可以反映区域内是否有感染病历，并且污水中新冠病毒核酸浓度与区域内感染病历的数量有很好的相关性。全球多个国家已建立基于污水病毒监测的公共健康监督平台，并对疫情防控做出了重要贡献。数据显示，监测污水中的新冠病毒核酸，具有可检测无症状感染、可提前反应病毒传播以及人力物力成本低等优势，对于后疫情时期安全有序的复工复产复学具有重要意义。

7.3.3 深化"疫情溯源"的生态学思考

此次突如其来的疫情再次让我们警醒，我们对人与自然的关系认知还远远不够，生态文明建设需要大家长期的共同努力，我们必须深刻反思在生态文明建设方面的不足，持续推进公众生活方式绿色化，将"人与自然和谐共生"的理念转化为每个人的自觉行动。科研人员在应对新冠病毒疫情的深入思考中，从生态文明的更高层面提出预防疫情的策略。清华大学团队领衔发表在《Engineering》杂志的"观点"文章《Natural Host–Environmental Media–Human：A New Potential Pathway of COVID-19 Outbreak》[6]从生态学层面指出人类活动与疫情暴发之间的联系，指出人类活动显著破坏生态屏障，提高了新型未知病毒进入人群的概率。此外，从统计学角度揭示了自然环境破坏与疫情大暴发之间的联系，指出"在11例最先报道的人类感染埃博拉病毒的案例中，有8例发生在森林被高度破坏的地区"。在文末提出人类预防流行病大暴发的策略，即"不仅要查明病毒的来源，而且要从根本上保护物种的生存和发展，积极保护和恢复物种的栖息地，并作为预防下一次暴发流行病的关键战略"。此次新冠疫情促使我们发出了新冠病毒溯源理论的中国声音，深化了科研工作者对"疫情溯源"的生态学思考。

7.4 小结

我国在环境领域的科技行动，为有效应对疫情提供了重要支撑。国家与地方科技部门在疫情初期迅速响应，通过不同形式的立项及自主研发，为疫情应急管控、常态管理与预防预警提供了有效的技术、方法、工艺与装备。尤其是在环境样品采集监测、环境介质中病毒识别与传播、室内外气溶胶新冠病毒传播与风险防控、介水环境与排水系统新冠病毒溢出风险识别与防控、医疗废物分级管理与安全处置、疫情防控次生风险评估与应急防控对策等方面的成果，不仅化解了疫情对水系统的冲击、保障了污水的安全处置与饮用水的稳定供应，而且通过辅助出台文件导则、建立信息平台与监测监督方法，为疫情的常态防控与早期预警提供了重要支撑。此外，提出了"疫情溯源"的生态学思考，提出人类活动破坏生态屏障，可能提高新型未知病毒进入人群的概率，为预测新发传染病高风险区域和建立生态屏障保护机制提供了新思路。

参考文献

[1] Ong SWX, Tan YK, Chia PY, et al. Air, Surface Environmental, and Personal Protective Equipment Contamination by Severe Acute Respiratory Syndrome Coronavirus 2（SARS-CoV-2）from a Symptomatic Patient[J]. JAMA - J Am Med Assoc, 2020, 323: 1610-1612.

[2] Guan W, Ni Z, Hu Y, et al. Clinical Characteristics of Coronavirus Disease 2019 in China[J]. N Engl J Med, 2020, 382: 1708-20.

[3] 国家自然科学基金委员会. "新型冠状病毒（2019-nCoV）溯源、致病及

防治的基础研究"专项项目指南 [EB/OL].（2021-01-22）[2021-07-04]. http：//www.nsfc.gov.cn/publish/portal0/tab442/info77363.htm.

[4] 中华人民共和国科学技术部.科技部会同相关部门共同开展新型冠状病毒肺炎疫情应急科研攻关 [EB/OL].（2020-01-23）. http：//www.most.gov.cn/kjbgz/202001/t20200123_151231.html.

[5] 国家中医药管理局.中西医结合防治新冠状病毒感染的肺炎临床研究启动 [EB/OL].（2020-02-04）. http：//www.satcm.gov.cn/hudongjiaoliu/guanfangweixin/2020-02-04/12809.html.

[6] 中华人民共和国科学技术部.科技部关于发布新型冠状病毒（2019-nCoV）现场快速检测产品研发应急项目申报指南的通知 [EB/OL].（2020-02-08）. http：//www.gov.cn/zhengce/zhengceku/2020-03/02/content_5485687.htm.

[7] 国家自然科学基金委员会."新冠肺炎疫情等公共卫生事件的应对、治理及影响"专项项目指南 [EB/OL].（2020-02-24）. http：//www.nsfc.gov.cn/publish/portal0/tab568/info77449.htm.

[8] 国家自然科学基金委员会.重大疫情的环境安全与次生风险防控重大项目2020年度项目指南 [EB/OL].（2020-03-11）. https：//service.most.gov.cn/kjjh_tztg_all/20200311/3316.html.

[9] 中华人民共和国科学技术部.科技部关于发布新型冠状病毒中和抗体产品研发应急项目申报指南的通知 [EB/OL].（2020-04-28）. https：//service.most.gov.cn/kjjh_tztg_all/20200428/3334.html.

[10] 国家自然科学基金委员会.国家自然科学基金委员会中德科学中心新型冠状病毒中德合作研究应急专项项目指南 [EB/OL].（2020-05-07）. http：//bic.nsfc.gov.cn/Show.aspx?AI=1289.

[11] 中华人民共和国科学技术部.科技部关于发布国家重点研发计划"公共安全风险防控与应急技术装备"重点专项2020年度项目申报指南的通知 [EB/OL].（2020-05-12）. https：//www.ustc.edu.cn/info/1056/13583.htm.

[12] 国家自然科学基金委员会.2020年度国家自然科学基金委员会与韩国国家研究基金会合作研究项目指南 [EB/OL].（2020-05-15）. http：//bic.nsfc.gov.cn/Show.aspx?AI=1312.

[13] 国家自然科学基金委员会.2020年度国家自然科学基金委员会与土耳其科学技术研究理事会合作研究项目指南[EB/OL].（2020-06-12）. http：//bic.nsfc.gov.cn/Show.aspx?AI=1323.

[14] 国家自然科学基金委员会.2020年度国家自然科学基金委员会与瑞典研究理事会合作研究项目指南[EB/OL].（2020-06-22）. http：//bic.nsfc.gov.cn/Show.aspx?AI=1327.

[15] 国家自然科学基金委员会.2020年度国家自然科学基金委员会与金砖国家科技和创新框架计划合作研究项目指南[EB/OL].（2020-07-01）. http：//www.nsfc.gov.cn/publish/portal0/tab434/info78145.htm.

[16] 中华人民共和国科学技术部.科技部关于发布国家重点研发计划2020年度应对新冠肺炎疫情国际合作项目申报指南的通知[EB/OL].（2020-07-06）. https：//service.most.gov.cn/kjjh_tztg_all/20200706/3414.html.

[17] 中华人民共和国科学技术部.科技部关于发布国家重点研发计划"政府间国际科技创新合作"重点专项2020年度金砖国家应对新冠肺炎疫情联合研究项目申报指南的通知[EB/OL].（2020-07-23）. https：//service.most.gov.cn/kjjh_tztg_all/20200723/3443.html.

[18] 山西省科学技术厅.关于发布山西省"新型冠状病毒（2019-nCoV）防治研究"专项项目指南的通知[EB/OL].（2020-01-23）. http：//kjt.shanxi.gov.cn/sfc/49490.jhtml.

[19] 深圳市科学技术局.深圳市科技创新委员会关于发布2020年"新型冠状病毒感染应急防治"专项项目申请指南的通知[EB/OL].（2020-01-23）. http：//stic.sz.gov.cn/xxgk/tzgg/content/post_6730627.html.

[20] 青海省科学技术厅.关于公开发布应对新型冠状病毒感染肺炎防控专项2020年度项目申报指南的通知[EB/OL].（2020-01-23）. http：//kjt.qinghai.gov.cn/content/show/id/6362.

[21] 武汉市科技局.我局正式启动市新型冠状病毒感染的肺炎应急技术攻关专项[EB/OL].（2020-01-25）. http：//kjj.wuhan.gov.cn/xwzx_8/gzdt/202004/t20200426_1124255.html.

[22] 重庆市科学技术局.重庆市科学技术局关于下达新型冠状病毒感染肺炎疫情应急科技攻关专项第一批项目计划的通知[EB/OL].（2020-01-25）. http：//kjj.cq.gov.cn/zwxx_176/tzgg/202003/t20200330_6590498.html.

[23] 福建省科学技术厅.福建省科学技术厅关于征集"新型冠状病毒感染的肺炎防治技术的研究和产品开发"专项项目的通知[EB/OL].（2020-01-27）.http：//kjt.fujian.gov.cn/xxgk/tzgg/202001/t20200127_5186587.htm.

[24] 甘肃省科学技术厅.关于对新型冠状病毒感染的肺炎疫情科研攻关特别专项完善方案征求意见的通知[EB/OL].（2020-01-27）.https：//kjt.gansu.gov.cn/News_Notice/detail.php?n_no=367805&dir=/%D0%C2%CE%C5%B9%AB%B8%E6/%CD%A8%D6%AA%B9%AB%B8%E6.

[25] 安徽省第二批应急科技攻关项目启动[EB/OL].（2020-01-28）.http：//m.xinhuanet.com/ah/2020-02-24/c_1125617262.htm.

[26] 天津市科学技术局.市科技局关于紧急发布"新型冠状病毒感染应急防治"科技重大专项第一批定向申报指南的通知[EB/OL].（2020-01-28）.http：//kxjs.tj.gov.cn/ZWGK4143/TZGG2079/202008/t20200826_3535040.html.

[27] 湖南省科学技术厅.湖南省科技厅湖南省财政厅关于发布新型冠状病毒感染的肺炎疫情应急专题项目申报指南的通知[EB/OL].（2020-01-28）.https：//kjt.hunan.gov.cn/kjt/xxgk/tzgg/tzgg_1/202001/t20200128_11165341.html.

[28] 第二批应对新冠病毒科技攻关应急项目启动1550万元支持12个项目[N/OL].（2020-04-02）.https：//www.sc.gov.cn/10462/12771/2020/4/2/443f933ec87b4d2fa3baf77ac9f4f361.shtml.

[29] 河南启动新型冠状病毒防控应急科研攻关专项[N/OL].（2020-02-04）.http：//leaders.people.com.cn/n1/2020/0204/c58278-31570010.html.

[30] 贵州省科学技术厅.省科技厅关于组织"防控新型冠状病毒技术攻关及集成应用"项目申报的通知[EB/OL].（2020-01-30）.http：//kjt.guizhou.gov.cn/xwzx/tzgg_73876/202001/t20200130_46184935.html.

[31] 宁夏回族自治区科技厅.关于组织申报新冠肺炎疫情防控第二批应急项目的通知[EB/OL].（2020-02-18）.https：//kjt.nx.gov.cn/kjdt/tzgg/202002/t20200218_16382.html.

[32] 广西壮族自治区科学技术厅.2020年自治区本级财政科技计划新型冠状病毒感染的肺炎疫情应急科技攻关专项第一批拟立项项目公示（1项）[EB/OL].（2020-02-03）.http：//kjt.gxzf.gov.cn/dtxx_59340/tzgg/

t3181517.shtml.

[33] 北京市科学技术委员会.关于新型冠状病毒感染肺炎科技防治研究启动首批应急项目的公告[EB/OL].（2020-02-03）. http：//kw.beijing.gov.cn/art/2020/2/3/art_736_476626.html.

[34] 东莞市科学技术局.东莞市科学技术局关于启动2020年东莞市"新型冠状病毒感染的肺炎防疫防治技术研究及推广应急攻关"专项申报的通知[EB/OL].（2020-02-04）. http：//dgstb.dg.gov.cn/xxgk/zwxx/tzgg/content/post_2792955.html.

[35] 广西壮族自治区科学技术厅.2020年自治区本级财政科技计划新型冠状病毒感染的肺炎疫情应急科技攻关专项第二批拟立项项目公示（3项）[EB/OL].（2020-02-05）. http：//kjt.gxzf.gov.cn/dtxx_59340/tzgg/t3181586.shtml.

[36] 河北省科学技术厅.河北省科学技术厅关于支持开展新型冠状病毒感染的肺炎应急科研攻关的通知[EB/OL].（2020-02-06）. https：//kjt.hebei.gov.cn/www/xwzx15/tzgg35/sttz15/203763/index.html.

[37] 山东省科学技术厅."新型冠状病毒感染的肺炎疫情应急技术攻关及集成应用"重大科技创新工程拟立项项目公示[EB/OL].（20-02-07）. http：//kjt.shandong.gov.cn/art/2020/2/7/art_13360_8778923.html.

[38] 江西省科学技术厅.江西省科技厅关于新冠肺炎疫情应急科技攻关项目（企业类）拟立项项目的公示[EB/OL].（2020-02-10）[2021-07-04]. http：//kjt.jiangxi.gov.cn/art/2020/2/10/art_27029_1774795.html.

[39] 安徽省科技局.安徽省科技厅开展应急科研攻关为疫情防控提供科技支撑[EB/OL].（2020-03-10）. http：//kjt.zj.gov.cn/art/2020/3/10/art_1228971344_42221245.html.

[40] 湖北省科学技术厅.关于新型肺炎应急科技攻关拟立项项目的公示[EB/OL].（2020-02-14）. http：//kjt.hubei.gov.cn/kjdt/tzgg/202002/t20200214_2028063.shtml.

[41] 广西日报：广西启动第三批抗疫应急科技攻关专项[N/OL].（2020-02-26）. http：//kjt.gxzf.gov.cn/dtxx_59340/kjdt/t3151703.shtml.

[42] 湖南省科学技术厅.关于抗击新冠肺炎疫情应急专项首批拟立项项目名单的公示[EB/OL].（2020-02-17）. http：//kjt.hunan.gov.cn/kjt/xxgk/tzgg/

tzgg_1/202002/t20200217_11181586.html.

[43] 湖北省科学技术厅.关于新型肺炎应急科技攻关拟立项项目（第二批）的公示[EB/OL].（2020-02-21）.http：//kjt.hubei.gov.cn/kjdt/tzgg/ 202002/ t20200221_2144149.shtml.

[44] 广西壮族自治区科学技术厅.2020年自治区本级财政科技计划新型冠状病毒感染的肺炎疫情应急科技攻关专项第四批拟立项项目公示（3项）[EB/OL].（2020-02-24）.http：//kjt.gxzf.gov.cn/zwfw/bsxx/xmlxgg/ t3124283.shtml.

[45] 涉及8个项目！河南启动第二批新冠病毒防控应急科研攻关专项[N/OL].河南日报，（2020-02-29）[2021-07-04].https：//app.dahecube.com/ nweb//mobile/clfnews/20200229/20200229162704353184?news_ id=57211.

[46] 广西壮族自治区科学技术厅.广西已启动4批应急科技攻关专项正按研究计划顺利推进[EB/OL].（2020-03-02）.http：//kjt.gxzf.gov.cn/ dtxx_59340/kjgz/kjtgz/t3122739.shtml.

[47] 武汉市科技局.关于新冠肺炎应急技术攻关专项第二批拟立项项目的公示[EB/OL].（2020-03-09）.http：//kjj.wuhan.gov.cn/zwgk_8/fdzdnrgk/ sjczzxzj/gsgg/202004/t20200426_1124211.html.

[48] 湖北省科学技术厅.关于新型肺炎应急科技攻关拟立项项目的公示[EB/OL].（2020-03-10）.http：//kjt.hubei.gov.cn/kjdt/tzgg/202003/ t20200310_2177167.shtml.

[49] 河北省科学技术厅.关于开展第二批应对新冠肺炎疫情科研攻关项目征集的通知[EB/OL].（2020-02-28）.https：//kjt.hebei.gov.cn/www/ xwzx15/tzgg35/sttz15/204730/index.html.

[50] 浙江省科学技术厅.关于下达2020年度省重点研发计划应急攻关项目的通知[EB/OL].（2020-03-25）.http：//kjt.zj.gov.cn/art/2020/3/25/art_ 1229225203_1886471.html.

[51] 四川省科学技术厅.第二批应对新冠病毒科技攻关应急项目启动1550万元支持12个项目[EB/OL].（2020-04-02）.https：//www.sc.gov.cn/104 62/12771/2020/4/2/443f933ec87b4d2fa3baf77ac9f4f361.shtml.

[52] 武汉市科技局.关于新冠肺炎应急技术攻关专项第二批拟增补项目的

公示 [EB/OL].（2020-04-01）. http：//kjj.wuhan.gov.cn/zwgk_8/fdzdnrgk/sjczzxzj/gsgg/202004/t20200426_1124160.html.

[53] 广西壮族自治区科学技术厅.2020年自治区本级财政科技计划新型冠状病毒感染的肺炎疫情应急科技攻关专项第五批拟立项项目公示（3项）[EB/OL].（2020-04-02）. http：//kjt.gxzf.gov.cn/zwfw/bsxx/xmlxgg/t4236748.shtml.

[54] 武汉市科技局.关于新冠肺炎应急技术攻关专项第三批拟立项项目的公示 [EB/OL].（2020-04-17）. http：//kjj.wuhan.gov.cn/wmfw/tzgg/gsxx/202004/t20200426_1123995.html.

[55] 武汉市科技局.关于新冠肺炎应急技术攻关专项第二批拟立项项目的公示 [EB/OL].（2020-03-09）. http：//kjj.wuhan.gov.cn/zwgk_8/fdzdnrgk/sjczzxzj/gsgg/202004/t20200426_1124211.html.

[56] 广西省科技厅.广西科技厅启动第五批疫情防控应急科技攻关项目 [EB/OL].（2020-04-03）. http：//kjt.gxzf.gov.cn/zthd/t4335097.shtml.

[57] 高新区4个项目获省应急公关项目立项 [N/OL].郑州日报，（2020-03-05）. https：//www.sohu.com/a/377742203_160386.

[58] 武汉市科技局.市科技局启动第二批新冠肺炎科技应急攻关项目 [EB/OL].（2020-03-11）. http：//www.whtv.com.cn/p/27379.html.

[59] 中国地质大学.中国地质大学（武汉）武汉市新冠肺炎应急技术攻关专项启动 [EB/OL].（2020-03-16）. https：//www.cug.edu.cn/info/10506/92880.htm.

[60] Corman VM，Landt O，Kaiser M，et al. Detection of 2019 nCoV by RT-PCR[J]. Euro Surveill, 2020，25：1-8.

[61] Hu B，Guo H，Zhou P，Shi ZL. Characteristics of SARS-CoV-2 and COVID-19[J]. Nat Rev Microbiol, 2020，19：141-154.

[62] Chu DKW，Pan Y，Cheng SMS，et al. Molecular Diagnosis of a Novel Coronavirus（2019-nCoV）Causing an Outbreak of Pneumonia[J]. Clin Chem, 2020，66：549-55.

[63] Li M，Yang Y，Lu Y，et al. Natural Host–Environmental Media–Human：A New Potential Pathway of COVID-19 Outbreak[J]. Engineering, 2020（6）：1085-1098.

[64] Liu G, Qu J, Rose J, Medema G. Roadmap for Managing SARS-CoV-2 and other Viruses in the Water Environment for Public Health[J]. Engineering 2021.

[65] Zhang D, Yang Y, Li M, et al. Ecological Barrier Deterioration Driven by Human Activities Poses Fatal Threats to Public Health due to Emerging Infectious Diseases[J]. Engineering, 2021.

[66] Zhang D, Ling H, Huang X, et al. Potential spreading risks and disinfection challenges of medical wastewater by the presence of Severe Acute Respiratory Syndrome Coronavirus 2 (SARS-CoV-2) viral RNA in septic tanks of Fangcang Hospital[J]. Sci Total Environ, 2020, 741: 140445.

[67] Mao K, Zhang H, Pan Y, et al. Biosensors for wastewater-based epidemiology for monitoring public health[J]. Water Res, 2021, 191: 116787.

第8章 国际上应对新冠病毒在水系统传播的主要科技行动

8.1 政府行动

8.1.1 发达国家

发达国家为应对新冠病毒在水系统中传播，从水质监测、水源保护、污染物处理、管网输配、人员防护等不同环节构建了多重保护屏障，能够快速预警潜在威胁，有效控制新型冠状病毒风险，保障水系统安全。新冠疫情暴发后，发达国家实施了一系列支持水务部门的举措（表8-1）。不同国家间涉水基础设施和管理结构存在差异，与疫情相关政策举措的出发点，多是为了取得立竿见影的效果，相关措施集中在支持水费和其他公用事业费用的支付上，没有对水务部门进行重大改革或干预。此外，加大对新冠病毒相关研究的投入是发达国家采取的主要行动之一。为有效应对疫情，增强对新冠疫情传播范围和感染情况的监控，各国相关部门均展开了新冠病毒在水系统传播的研究，先后启动多项独立或联合研究项目（表8-2），以科技创新助力疫情防控，以科技成果指导政策制定，为应对新冠病毒在水系统传播、监控病毒在人群中的传播范围和感染情况提供理论和技术支撑。

各国政府采取的与水有关的新冠病毒干预行动[7～19]　　表8-1

国家	措施
美国	政府颁布《冠状病毒的援助、救济和经济安全法案》(CARES)，以多种形式为受新冠病毒大流行影响的个人和企业提供帮助，未对水务部门进行直接干预。开展的低收入家庭能源援助计划(LIHEAP)，资金不可用于支付水费和下水道费。环境保护署鼓励公用事业公司开展桌面应急演习，对水务公司进行风险和复原力评估，重新审查已有涉水政策，以更好应对新冠危机
澳大利亚	政府开展一揽子财政刺激计划，帮助家庭和中小型企业应对新冠疫情的冲击，包括：冻结收取电费、水费、机动车费、紧急服务费等
英国	政府出台一系列的财政补助政策，包括减缓企业税收、发放免息贷款、补贴员工薪资、增加住房补贴和福利救济金等，福利金可以支付部分账单(如租金、服务费、燃油费或水费)
加拿大	政府紧急出台一揽子经济援助计划，包括提供270亿美元直接帮助受疫情影响的工人，同时提供550亿美元资金用于帮助家庭和企业税务延付，但没有对水务部门的直接支持
日本	政府第一批拨款2868亿日元，第二批追加拨款4308亿日元，用于支援受到疫情影响的企业及个人，但没有对水务部门进行直接支持
比利时	政府进行了一系列的社会和经济改革，其中包括设立1.6亿欧元的基金，用于支持技术性失业人员支付水电费
捷克	未对水务部门直接干预；推迟了账单支付时间
塞浦路斯	未对水务部门直接干预，对新开工企业前两个月的电价降低10%
丹麦	政府采取了许多财政和经济措施，没有任何与水有关的干预措施
爱沙尼亚	政府宣布的20亿欧元救助计划中，没有考虑整个公用事业部门
芬兰	政府采取了许多财政和经济措施，没有任何与水有关的干预措施
法国	30亿欧元的一揽子财政计划用于公用事业，包括水费的延期支付
德国	在水务行业无政策干预措施。德国政府在疫情高峰期向气候友好型交通工具、汽车制造企业、可再生能源开发、节能建筑注入了资金
匈牙利	没有任何与水有关的干预措施。政府取消了一些未缴税款的利息，并延长了家庭贷款偿还的期限
意大利	政府出台了一项6亿欧元的一揽子财政计划，帮助减少小型生产和商业活动的公用事业费用，并在疫情高峰期暂停支付水费和其他公用事业费用
拉脱维亚	延长包括水费在内的公用事业费用的支付
立陶宛	政府鼓励市政当局允许分期付款或重新安排水电费付款时间

153

续表

国家	措施
马耳他	电价下调了10%，没有对水务部门进行直接干预
荷兰	向以农业企业为目标的农业部门提供超过6.5亿欧元的财政支持，为公司提供150万欧元的贷款，以帮助受疫情影响的人；临时延长了支付账单的期限
波兰	提供为期三个月的水电费和信贷支付延迟时间，但重点放在了电费而不是水费上；特别流动性保证基金未提及政府有意暂停收取水费
葡萄牙	暂时停付电费、水费及煤气费
西班牙	禁止在疫情高峰期限制家庭水电气供应；根据西班牙稳定计划，宣布了一项5800万欧元的基金，用于支持企业、个体劳动者和弱势家庭的延期支付
瑞典	提供了金融安全和过渡机会，没有对水部门进行干预

各国新冠病毒水系统研究立项[20～34]　　　　表8-2

项目名称	国家/地区	项目经费来源	项目负责机构
国家废水监测系统（NWSS）	美国	联邦政府	CDC、HHS
评估污水中病毒的标准化方法		美国环境保护署（EPA）	
基于污水中病毒水平评估社区感染率		美国环境保护署（EPA）	
极端用水模式对饮用水微生物和化学指标的影响		东北大学	
疫情期间居家定购单对城市溪流质量的影响及其在未来城市生活中的应用		科罗拉多矿业大学	
城市水循环中的新冠病毒及其对健康的影响		犹他大学	
通过测定污水微生物组确定新冠的社区发病率		夏威夷大学	
新冠病毒的污水监测		圣母大学	
新冠病毒污水监测合作项目	澳大利亚	澳大利亚水研究局（WSAA）	
欧盟全欧污水监测合作项目	欧洲	欧盟委员会 欧共体供水协会联合体	第一轮：奥地利、比利时等；第二轮：丹麦、芬兰、法国等

续表

项目名称	国家/地区	项目经费来源	项目负责机构
基于污水中新冠病毒及相关标记物的流行病学：追踪流行性疾病和地方病的新颖且经济高效的方法	新加坡	新加坡公共事业委员会	南洋理工大学
基于污水的新冠病毒监测辅助临床测试提供额外的信息评估疾病的传播	新加坡	国家环境局（NEA）、家庭团队科学技术局（HTX）、国家水务局（PUB）	
全国新冠病毒污水监控系统	荷兰	国家公共卫生及环境研究院（RIVM）、水循环研究所（KWR）	
德国污水中的新冠病毒监测	德国	亥姆霍兹环境研究中心（UFZ）、德国水、污水和废物协会（DWA）、德累斯顿工业大学	
污水、公共健康方面的新冠病毒监测	南非	南非水研究委员会	
SARS-CoV-2环境监测	巴西	国家卫生监督中心（CEVS）、南里奥格兰德州联邦大学（UFRGS）等	

在饮用水系统中，多配备严格的消毒措施，常见的氯消毒、臭氧消毒等技术均可有效消杀包括新冠病毒在内的病原微生物，保护公众健康。截至目前，尚未有研究在供水系统中检测到新冠病毒，也没有证据表明新冠病毒可以通过饮用水途径传播[1]。荷兰KWR水研究所首席微生物学家Gertjan Medema教授团队，基于对当地供水系统的研究发现，现有的城市水系统完全有能力应对新冠病毒的威胁。美国环境保护署（USEPA）、荷兰国家公共卫生及环境研究院（RIVM）、澳大利亚水服务协会、加拿大水与废水协会等发达国家的卫生与水务部门，也相继向公众确认饮用水质量安全可靠，尤其是饮用水的生物安全性可以得到良好保障，民众无须煮沸后饮用或以瓶装水替代[2~5]。

在污水系统中，虽然有研究发现污水厂进水中含有新冠病毒的遗传物质片段，但并未见具有传染性的病毒[1]。现代污水系

155

统具备相对完善的消毒处理措施，可有效灭活水中的病原微生物，保障出水的生物安全。截至目前，没有在污水厂出水中检测到新冠病毒的报道。WHO的指导文件也指出，无论生活污水是否经过处理，没有证据显示新冠病毒能够通过排水系统传染。

根据世界卫生组织（WHO）的指导文件，发达国家政府在个人防护方面，鼓励公众勤洗手，养成和保持良好的卫生习惯。虽然水系统并不是新冠病毒的传染途径，已有的水处理安全标准及操作规范，能够保障水处理从业者在疫情期间的人身安全，但是各国政府仍强调污水处理从业者，尤其是一线操作工人应注重防护，比如：穿戴防护服、手套、靴子、护目镜、口罩等个人防护装备。此外，对从业人员进行疫情条件下有针对性的相关培训，并在日常工作中严格进行手部卫生清洁，严格避免用未清洗的手触摸面部等。例如，德国政府出台相关规定，凡是涉及与污水中生物质相关的工作人员，均需执行《生物物质规定》（BioStoffV）和《在污水相关设施工作中涉及生物环境的安全和健康》（TRBA220）中有关的设施性和技术性防护措施、组织性防护措施、卫生防护措施、个人装备防护措施等规定，以确保水处理从业者的安全与健康[6]。

2020年4月，针对污水系统中新冠病毒的监测数据显示，污水中新冠病毒遗传物质的浓度，可以客观反映病毒的传播状况，连续监测污水中的病毒核酸浓度，可监控、预测疫情发展态势。荷兰科学家通过定量聚合酶链反应（qPCR）技术，在6座城市和1个国际机场的污水监测点中，均在临床病例大面积暴发前检测到了新冠病毒[35]。在监测病毒核酸的基础上，澳大利亚的研究人员通过污水中新冠病毒遗传物质浓度，估算出该污水厂服务范围内感染者的中位数范围约为171～1090人[36]。在法国和西班牙，针对污水中新冠病毒的监测显示，污水中新冠病毒遗传物质浓度的上升与临床报告病例数的增加呈现良好的相关性[35]。在此基础上，荷兰、芬兰、德国、美国、澳大利亚等国家，都已相继启动全国性污水中新冠病毒监测行动计划。例如：美国卫生与公共服务部（HHS）、疾病控制与预防中心（CDC）与联邦政府机构合作，针对新冠大流行启动了国家废水监测系统（NWSS）。美国疾控中心正在开发一个面向各级卫生部门，将污水病毒监测数据纳入国家数据库的门户网站，旨在通过提高数据整合度，促进跨区域和跨部门的数据共享，反映病毒的传播状况，为政府在公共卫生方面的决策提供支持。

8.1.2 发展中国家

疫情期间，各国政府在保障涉及水、卫生和公共健康等方面，发挥了重要作用。在尚无安全可靠集中供水的地区，尤其是非洲、拉丁美洲和加勒比地区的发展中国家，获得洁净卫生的饮用水本身就是一个很大的挑战。因此，各发展中政府纷纷制定紧急措施（表8-3），以保障疫情期间为公众提供安全且稳定供给的饮用水。其中，提供免费水、不因拖欠水费而中断供水、延长无利息贷款时间、在非正式的居民区分散供水以及安装水箱等措施，有效保障了非洲、拉丁美洲和加勒比地区发展中国家疫情期间的饮用水供给。相关措施主要可归纳为以下三类[37]：

（1）确保饮水安全与稳定供给

在许多发展中国家，为保证疫情期间民众能够获得保障日常生活的安全供水，政府采取了包括通过用水车为社区分配水，为医院提供瓶装水或建造小型水处理设施等一系列应急措施。例如：在哥伦比亚，政府通过国家提供资金的方式，为该国约100万拖欠水费的家庭重新提供自来水，确保每人可获得$6m^3$的饮用水。在哥斯达黎加，Acueducto Y Alcantarillado公司声明将确保因未付款而断水的家庭获得连续供水服务，用以保障疫情期间的生活。这项举措在包括玻利维亚、巴西、哥伦比亚、洪都拉斯、牙买加、巴拉圭和秘鲁等在内的南美各国之间得到广泛响应。巴西还通过调用社会税收和进行债务谈判，确保拖欠水费用户能够获得的稳定且安全的供水。

（2）免费供水（或免除水费）

为了降低新冠疫情造成的家庭经济负担对用水的影响，各国政府采取了多种举措直接向用户提供支持。例如：阿根廷发布《急需与紧急措施法令》，严格规定不得暂停拖欠水费家庭的基本公共服务；萨尔瓦多从2020年3月中旬开始采取措施，规定受到新冠疫情直接影响的家庭均可免除3个月的水费；在玻利维亚，对于每月水费低于17美元的家庭，政府将负担其在2020年4～6月50%的水费；加纳于2020年4月5日，宣布了一项为期3个月的全民免费用水倡议，后延长为6个月（2020年4～9月），同时规定免费供水仅可用于家庭和非商业用途，由公共和私人水厂的供水服务商提供，财政部每月会根据用水数据向供水商划拨服务费用[38]。布基纳法索、刚果民主共和国、加蓬、几内亚、塞内加尔、肯尼亚、毛里塔尼亚、多哥等发展中国家，也采取了免费供水或免除水费的措施。巴西圣保罗州自2020年4月1日起，暂停向数百个低收入家庭收取水费，并将其个人或公司的债务期限延长了90天。米纳斯吉拉斯州，国有水务公司COPASA在债务协商后，重新为拖欠水费的用户供水。此外，位于皮奥伊州的Aguas de Teresina公共事业公司和COPASA通过新平台和在线应用程序为用户提供了多种付款方式。

（3）支持水务事业

部分发展中国家政府也向水务公司提供了疫情条件下的紧

急支持。例如，哥伦比亚政府为保障饮用水处理的顺利进行，暂停对水处理过程中所需材料征税。墨西哥政府大量购买氯消毒剂，以确保饮用水达到生物安全标准。在巴西的大多数州以及玻利维亚、智利、厄瓜多尔、洪都拉斯和乌拉圭，为了保护水行业从业人员的安全，采取从业人员轮班工作制，并暂时关闭部分业务。在巴西的伯南布哥州和圣保罗州，以最近6个月内的平均用水量来估算居民的实际用水量，减少线下抄表来降低接触感染的风险，保护水务工作人员和用户的安全。

非洲、拉丁美洲和加勒比地区采取与水有关的　　　表8-3
新冠病毒干预行动[39]

国家	措施
布基纳法索	新冠疫情前三个月免费供水（2020年4～6月）
乍得	暂时中止部分水费的支付
刚果民主共和国	免费供水两个月
加蓬	免费向家庭和中型企业供水
加纳	政府承担所有人的水费，为期6个月（2020年4～9月）
几内亚	免费供水
塞内加尔	为67万户困难家庭支付两个月的水费
南非	政府提供1000多辆水车和11000多个储水箱用于家庭供水
斯威士兰	提供水车为困难社区供水；推迟水费上涨；修复农村地区的钻孔
肯尼亚	内罗毕地铁服务扩大免费水的供应；内罗毕供水和卫生公司、蒙巴萨供水公司和非政府组织合作在非正式定居点安装水箱
毛里塔尼亚	为贫困家庭支付两个月水电费，并且为所有村庄的居民支付2020年水费
多哥	三个月可免费用水；豁免每月用水量低于$10m^3$的家庭水费
乌干达	禁止向拖欠水费家庭停止供水
萨尔瓦多	受到新冠疫情直接影响的家庭可免除三个月的水费
玻利维亚	加强水质监测，确保安全水质的稳定供给；水费低于17美元/月的家庭，政府将负担2020年4～6月50%的水费

国家	措施
哥伦比亚	政府通过国家提供供水资金的方式，为该国约100万拖欠水费的家庭重新提供自来水，确保每人每天可获得6m³的饮用水
哥斯达黎加	Acueducto y Alcantarillado公司声明将确保因未付款而断水的家庭获得连续供水服务，用以保障疫情期间的正常生活
多米尼加共和国	通过水车分配水
墨西哥	通过水车配水；为医院提供瓶装水或配备小型水处理厂；调整输配系统中的余氯
秘鲁	通过水车分配水
巴拉圭	通过水车分配水
巴西	通过调用社会税收和进行债务谈判，确保拖欠水费用户也能够获得安全稳定的供水
牙买加	保证供水服务的连续性；为服务于最困难社区的医院和机构提供优先条件；国家水委员会鼓励公众使用有效的节水方法，提高对用水的认识，并在适时鼓励水的回收和再利用

8.2 科学研究

疫情发生后，关于新冠病毒的科学研究进展迅速。截至2021年2月25日，Web of Science 数据库显示，新冠病毒相关研究已发表超过两万篇学术论文，其中水系统的相关研究约630篇（图8-1）。但是，仍缺乏针对水环境中新冠病毒完善、经济且快速的检测方法，检测过程中存在的主要挑战包括：样品的大量稀释、环境基质对分析的干扰、病毒的环境诱变变异性等。水体中的新冠病毒含量相对较低，需要通过吸附—洗脱法、超滤法、离心超滤法、聚乙二醇沉淀法、超速离心法等方法进行样品浓缩，之后通过qPCR检测病毒。污水系统中新冠病毒的研究多基于其他病原性和非病原性病毒的方法学原理，在其基础上进行必要的修改以适应这种新型冠状病毒株的特征。

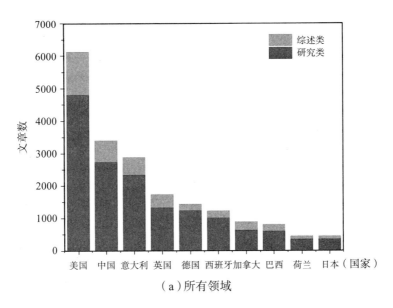

（a）所有领域

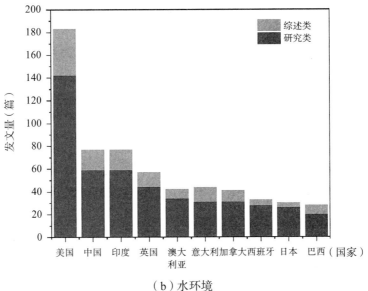

（b）水环境

图8-1　已发表的新冠病毒相关文章
（截至2021年2月25日，Web of Science数据库）

8.2.1 污水病毒监测

荷兰KWR水研究所科学家Gertjan Medema教授首次在污水中成功分离和检测到了新冠病毒遗传物质（RNA）（污水处理厂，图8-2），其团队还开展了污水样本处理步骤对病毒生存力影响的研究[40]。研究发现，在荷兰报告第一例新冠感染病例的几天前，几个污水监测点均提前检测到新冠病毒的核酸片段。这一结果得到了法国学者伍兹等各国学者的相继证实。Gertjan Medema教授的研究还首次表明在一定范围内，废水中检测到的病毒核酸信号强度随感染住院病例人数的增加而增加。因此，其研究中建议通过污水中的病毒RNA含量推算某一区域的实际病毒感染病例人数。

图8-2　KWR科学家在荷兰废水处理厂检测到新冠病毒

（图片来源：Nature网站）[46]

在澳大利亚，Ahmed等学者通过超滤和电负性膜吸附—洗脱法，检测到了社区污水样品中新冠病毒RNA，也提出在社区范围内对污水进行监测以实现对新冠病毒监测的思路[41]。目前，该研究团队正在开发追踪新冠病毒在水中传播的技术方法。此外，昆士兰大学和澳大利亚国家科学机构CSIRO的研究人员也证实，所采集的未经处理的污水样本中，通过RT-PCR检测到了新冠病毒的核酸片段。

在意大利，La Rosa等学者使用两组针对新冠病毒的特异性引物：一组是新开发的靶向ORF1ab的引物；另一组是专为咽拭子设计，针对刺突蛋白基因的引物，通过RT-PCR评估了意大利污水处理厂中新冠病毒的传播[42]。该团队还对广谱引物进行了测试，扩增了冠状病毒科成员ORF1ab的一个保守区域，但由于新冠病毒序列在该区域存在核苷酸差异，广谱引物无法发出特异性信号。

在美国，Nemudryi等学者通过一步RT-qPCR，在Bozeman污水处理厂的污水浓缩样品中检测到新冠病毒基因序列，并评估了所测得基因组与全球其他国家地区测得基因组序列的系统发育关系。通过非定量RT-PCR扩增，该团队还对分散在基因组中的一些多态性区域进行了测序[43]。在马萨诸塞州，Wu等学者通过PEG沉淀浓缩污水中的病毒，在污水厂中检测到了新冠病毒基因序列[44]。

除上述研究外，意大利米兰、西班牙穆尔西亚、澳大利亚布里斯班、荷兰多地、康涅狄格州纽黑文、美国马萨诸塞州东部、法国巴黎、印度等现有的脊髓灰质炎病毒监测点，均报告了在未经处理的污水和污泥中，检测到新冠病毒的非感染性核酸序列片段[45]。相关研究采用的详细检测方法、病毒核酸检出率、检出浓度等详细信息，如表8-4所示。

荷兰、法国和美国学者报道了废水中新冠病毒的RNA浓度与新冠病毒临床病例报告之间存在相关性。法、美两国的后续研究进一步探明，污水中新冠病毒核酸检出数据比官方实际新冠确

报告了在未经处理和处理的废水中检测到SARS-CoV-2的方法以及病毒浓缩方法和最大拷贝数[40]　表8-4

国家	地区	水质	阳性检出率	最大浓度（Copies/L）	病毒浓缩方式	目的基因 RT-(q)PCR
澳大利亚	布里斯班	未经处理污水	2/9	1.2×10^2	电子内膜直接提取法；超滤法	Ngene
			1/9；0/9	1.9	离心上清液超滤法	
中国	武昌方舱医院	未经处理污水	0/4		离心上清液的PEG沉淀法	ORFlab；Ngene
		处理后污水	7/9	$0.05 \times 10^4 \sim 1.87 \times 10^4$		
法国	巴黎	未经处理污水	23/23（100%）	$>10^{6.5}$	超速离心法	Egene
		处理后污水	6/8（75%）	$\sim 10^5$		
印度	艾哈迈达巴德	未经处理污水	NA	$10^3 \sim 10^6$		Egene
		未经处理污水	100%	$0.78 \times 10^2 \sim 8.05 \times 10^2$	离心上清液的PEG沉淀法	ORFlab；Sgene
		处理后污水	0	0		Ngene
以色列	各地	未经处理污水	10/26	NA	初级：离心上清液的PEG/明矾沉淀法；次级：Amicon超滤法	Egene
意大利	米兰、罗马	未经处理污水	12/12（100%）	NA（定性检测）	离心上清液的PEG/葡聚糖沉淀法	ORFlab gene
日本	—	未经处理污水	0/5	0	电负性膜法—涡旋法膜吸附法—直接RNA提取法	Sgene
	石川和富山	处理后污水	1/5	2.4×10^3		Ngene
		未经处理污水	7/27	4.4×10^4	离心上清液的PEG沉淀法	Ngene

续表

国家	地区	水质	阳性检出率	最大浓度（Copies/L）	病毒浓缩方式	目的基因 RT-（q）PCR
	穆尔西亚	未经处理污水	N_1: 21/42； N_2: 23/42； N_3: 27/42	N_1: 1.4×10^4； N_2: 3.4×10^4； N_3: 3.1×10^4	铝絮凝-牛肉提取物沉淀法	Ngene
		处理后污水	二级出水: 2/18； Tertiary: 0/12	$< 2.5 \times 10^4$		
		未经处理污水	Influent: 5/5	NA	离心上清液的 Amicon 超滤法	Ngene Egene
	奥伦塞	处理后污水	原水: 1/4； 出水: 0/5		甘氨酸/牛肉提取物的洗脱-离心-过滤-PEG沉淀法	RdRp gene
西班牙		污泥	14/34			
	瓦伦西亚	未经处理污水	12/15	$10^4 \sim 10^5$	铝絮凝-牛肉提取物沉淀法	Ngene
		处理后污水	0/9	0		
		未经处理污水	14/24（58%）	NA	离心上清液的超滤法	Ngene Egene

165

续表

国家	地区	水质	阳性检出率	最大浓度 (Copies/L)	病毒浓缩方式	目的基因 RT-(q)PCR
荷兰	阿姆斯特丹、海牙、乌得勒支、阿珀尔多伦、蒂尔堡、阿默斯福特、史基浦	未经处理污水	N_1：14/24；N_2：0/24；N_3：8/24；N_4：5/24	$10^2 \sim 10^5$	离心上清液超滤或PEG沉淀法	RdRp gene
美国	路易斯安那州	未经处理污水	2/7	$10^{3.2}$	离心上清液的超滤法	Ngene
		处理后污水	0/4	0	负电性膜的吸附洗脱方法	
	马萨诸塞州	未经处理污水	10/14（71%）	$> 2 \times 10^5$	过滤后样品PEG沉淀法	Ngene
	康涅狄格州纽黑文	初级污泥	44/44	$1.7 \times 10^5 \sim 4.6 \times 10^7$	直接RNA提取	Ngene

诊病例报告早4～7天时间，可用于预判疫情的社区传播状况与感染风险，可以为抗疫赢得宝贵的时间。发表于Nature的文章中介绍，荷兰的Gertjan Medema教授团队通过检测生活污水中的新冠病毒核酸片段，指出"一个污水处理厂可收集超过100万人的生活污水，相比于全民抽样或全民检测，对污水样本的监测能更有效的评估病毒的传播范围和居民的感染情况"，而且污水检测"还可以检出无症状感染者"[46]。此观点有其他多位学者团队研究的佐证：因为新冠病毒能通过患者的粪便排出，污水中新冠病毒核酸片段的存在是可以预测的（图8-3，污水监测示意图）[47～50]。

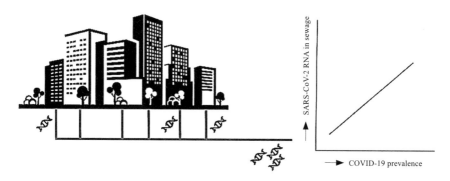

图8-3　污水监测镜像映照疫情发展示意图

　　荷兰、澳大利亚、新西兰、芬兰、瑞典等国家已将日常污水监测纳入其国家新冠病毒监测规划[51～54]。如图8-4（a）所示，芬兰监测了全国28个废水处理厂，收集的废水样本覆盖了约60%的芬兰人口，检测发现新冠病毒RNA的总基因拷贝数与感染病例数趋势一致。荷兰的Gertjan Medema团队通过同时检测"CrAssphage"（交叉装配噬菌体），测量并分析了污水中新冠病毒核酸浓度与感染病例的关系。基于阿姆斯特丹和乌特勒支归一化数据（图8-4b、c），可以看到新冠病毒核酸浓度与感染病例数具有很好的相关性，可以很好地表征人群中的病毒感染状

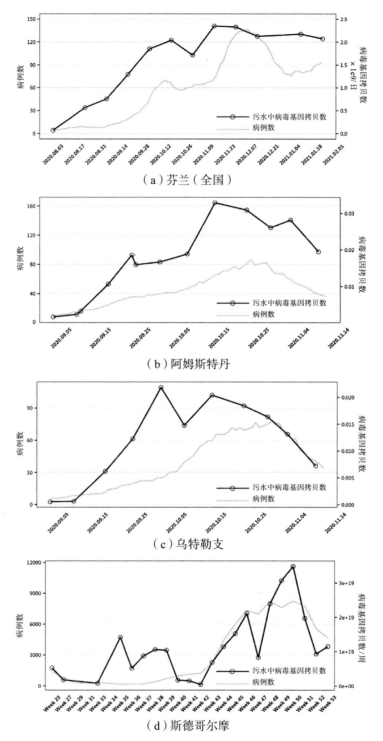

（a）芬兰（全国）

（b）阿姆斯特丹

（c）乌特勒支

（d）斯德哥尔摩

图8-4　污水中的病毒基因拷贝数与实际病例数之间的关系

况。如图8-4（d）所示，瑞典的Zeynep Cetecioglu Gurol教授监测了Henriksdal、Bromma和Kappala污水厂，转换为基因拷贝数的结果与斯德哥尔摩报道的阳性病例数相关性较好，而第25周（2020年）和第6周（2021年）之间的基因拷贝数与阳性病例数显著相关（p＜0.0001）。可见，在污水中检测到的病毒核酸信号，很好地反映了集水区内感染者排出的病毒数量，因此可以用作评估疫情发展态势的指标。德国目前也在研究应用一种类似的方法，将环境监测作为常规新冠病毒监测方案的一部分[52]。鉴于目前大多数国家临床检测能力的不足，低成本广覆盖的污水监测将是一项可行性极高的辅助监测手段。一旦发现某个区域内不存在病毒核酸片段，即可排除此区域新冠病毒导致社区感染的风险（图8-5）。

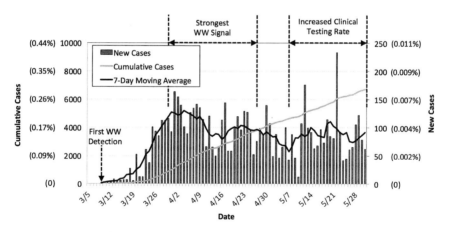

图8-5　污水监测作为病毒预警技术VS污水病毒检测评估感染程度[54]

8.2.2　污水病毒监测结果的应用：风险识别管控与疫情起始追溯

大多数病毒检测都基于临床研究，然而对病毒及其扩散的直接追踪非常困难，一方面因为部分感染者无显著症状，另一方面受限于检测资源和成本，能够覆盖所有人群的快速检测难以实现。因此，亟须能够进行快速、宏观的病毒传播预警、风险识别与控制的方法。在此次新冠疫情前，污水监测已被广泛应用于评估其他病毒的传播，例如：诺如病毒、抗性细菌、麻疹、脊髓灰质炎等。以脊髓灰质炎为例，在病例报告前几周已可发现病毒的传播，证明了监测污水中的目标病毒具有评估或预警相关疫情传播范围与感染程度的巨大潜力，而污水监测同样也被用于评估脊髓灰质炎病毒疫苗接种情况。监测污水中的胃肠炎病毒，能够确定病毒的真实流行程度、感染人群状况以及人类健康的风险[55～59]。

近年来，世界各地流行病多发，在污水收集、处理和回用过程中，新兴病原体的暴露风险逐渐引起了公众注意。新兴病原体可能会通过人类排泄物、污水回用、畜牧业、医疗废水排放等路径进入水环境。一些新兴病原体（例如：埃博拉病毒、新冠病毒）存在严重的健康威胁，有必要评估通过水系统接触和传播疾病的可能性。结合此前及新冠疫情期间的研究成果，将水系统作为流行病学数据潜在来源、病毒安全性监测与评估是预判公共卫生风险的可靠手段，指导传染病流行病学监测和防控的污水流行病学监测（Wastewater and wastewater-based epidemiology，WBE）有广泛的应用前景。

截至目前，未发现新冠病毒介水传播感染的案例，普遍认为其通过水环境致病的风险非常低[60]。通过监测污水样本中的新冠病毒核酸，不仅可以评估病毒的传播、感染，而且可以识别热点区域进行重点防控。本章8.2.1节中提到，荷兰学者在第一例病例报告前六天，就在阿默斯福特市的污水中监测到了新冠病毒核酸片段，这表明监测污水中的目标病毒可以及时向相关部门发出预警信号，为疫情防控争取宝贵的时间。就当下全球普遍的情况而言，许多国家缺少临床检测耗材，且没有测试或报告轻症病例，因此测量污水中的新冠病毒是临床检测有效且必要的补充。亚洲、欧洲和美洲国家，在与此次新冠病毒大流行的防控中处于不同的情况和阶段，各国家的抗疫条件和能力也不尽相同，对污水的监测可以同时满足有/无足够测试条件下，对疫情严重蔓延地区的病毒传播和感染情况做出说明，从而为尚未受疫情波及地区预警，为抗疫后期逐步解封恢复正常生产生活的地区，守护抗疫成果，保障复工复产复学安全有序进行。

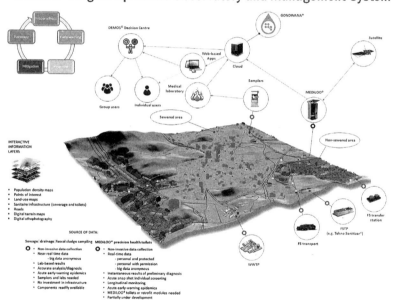

图8-6　数字化流行病学观察和管理系统（DEMOS）[61]

基于大型人群的非侵入式病毒和传染病检测方法，荷兰学者提出了数字化流行病学观察和管理系统（Digital Epidemic Observatory and Management System，DEMOS）的框架（图8-6），该系统将在准备、预警、响应、缓解和恢复等整个流行病管理周期中提供有效的基于监测数据的决策支持。由DEMOS系统收集的数据和信息，是通过对覆盖区域下水道和非下水道部分的监控设备网络进行数据挖掘而直接或间接获得的。DEMOS组成包括：①自动或半自动采样器，用于从下水道主干管、明渠、粪便污泥转运站以及污水和粪便污泥处理厂等节点收集污水样本；②MEDiLOO®–智能马桶和马桶加装模块，可确保精确监测用户健康；③收集有关社区中病毒和疾病的临床和流行病学数据；④社区的社会经济数据；⑤任何其他相关数据（例如社交媒体和联系人跟踪应用程序）。在整个系统中，收集的污水、粪便、污泥样品送至实验室，通过qPCR监测目标物质（例如：新型冠状病毒）。

此外，常规污水样品的收集保存，在疫情等重大突发事件中，可以为疫情的溯源提供重要的证据。根据妥善保存的历史污水样本，可以追溯病毒首次出现的时间和地点，以及对比识别病毒突变株的形态等特性。例如，本次新冠疫情初期，西方媒体和政客谎称武汉是疫情的起源地，疫情开始于2020年1月。其后，2019年的污水样本等众多科学证据，将疫情的起始时间不断前推，也在更早的时间，于世界各地分别检测到病毒感染病例。在2019年12月18日意大利米兰和都灵、2019年3月西班牙的污水样本中，分别检测到了新型冠状病毒核酸，其中西班牙新型冠状病毒检测阳性的污水样本，比我国报告第一例病例早了9个月。此外，日本厚生劳务省表示，在2019年初的500份血液样本中，有两份样本的新型冠状病毒抗体呈阳性。这些科学证据，对于探究疫情可能的起源，有效防控潜在病原体侵袭、保障公共健康，具有重要意义（图8-7）。

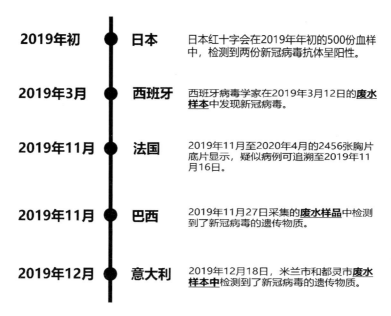

2019年初	日本	日本红十字会在2019年年初的500份血样中，检测到两份新冠病毒抗体呈阳性。
2019年3月	西班牙	西班牙病毒学家在2019年3月12日的**废水样本**中发现新冠病毒。
2019年11月	法国	2019年11月至2020年4月的2456张胸片底片显示，疑似病例可追溯至2019年11月16日。
2019年11月	巴西	2019年11月27日采集的**废水样品**中检测到了新冠病毒的遗传物质。
2019年12月	意大利	2019年12月18日，米兰市和都灵市**废水样本中**检测到了新冠病毒的遗传物质。

图8-7　污水中新冠病毒检测指示新冠疫情起始时间地点的变化[62]

8.2.3　疫苗监测

自1989年起，污水监测开始被用作防止脊髓灰质炎卷土重来的预警系统。其中标志性的案例，是以色列卫生当局通过对覆盖其国内人口30%～40%的污水系统进行的月度监测，根据多个监测点污水中脊髓灰质炎病毒浓度上升的结果，及时部署全国大范围的疫苗接种工作，成功在初期遏制了脊髓灰质炎病毒在以色列的传染趋势[63～64]。脊髓灰质炎病毒和新冠病毒有很多类似之处，比如都可在肠道中存在，并通过人体排泄物的形式进入到污水系统中，因此污水监测在遏制脊髓灰质炎病毒的传播和疫苗部署上的成功，可以为抗击新冠疫情等大流行提供有价值的经验借鉴。利用污水监测收集到社区规模的群体健康状况和疫情传播信息，在必要时可以指导针对特定病毒检测热点区域，进行包括优先接种疫苗、加强临床检测等医疗资源的调配[65]。在初次大范围疫苗接种之后，卫生当局可通过监测发现污水中病毒信号强度没有下降的区域，找出疫苗接种后仍有集中性感染的社群，用来确定缺乏疫苗的地区。找出这些"疫苗接种缺乏"地区，有助于尽快确认和扫清限制疫苗接种推进的障碍，及时推出干预措施，例如：为特定区域发布量身定制的公共卫生信息、增加更多分散接种点以便民众获得接种等，这对于实现无论是国家层面或是国际层面的群体免疫都有着至关重要的意义[66]。

8.2.4 局限性和挑战

污水监测可以作为新一轮疫情的预警手段，特别是在资源匮乏、数据量有限或延迟的临床证据的情况下，污水监测的作用是十分明显的。但根据 WHO Europe Summary Report，污水监测无法替代新型冠状病毒的临床检测和病例检测，只能对其进行补充。用作跟踪社区传播趋势的工具时，污水检测虽然效果不错，但很难根据废水中检测到的基因组数量来精准量化一个地区的受感染人数，因此在得出有关给定环境中受感染人数的绝对数量的结论时，目前看来仍旧不是一个有效的定量工具。而且，尽管废水监测在揭示病例增多方面有一定效果，但由于病例临床症状消失、病毒释放时间较长等因素的存在，难以预测病例的减少，而在解释数据和证明可能的公共卫生干预措施的有效性时，必须考虑此类反馈。

进行废水监测时，确保方法的有效性也是一个挑战。首先，需要仔细选择采样地点，特别是在资源有限、不能对每个排水管网的每个子集水区进行测试的情况下，此时应选择容纳最多人数的子集区域进行测试。居住人数一直是主要的选择标准之一，包括奥地利、比利时、德国、匈牙利和卢森堡在内的几个国家，都选择了居住人数作为标准。另外，采样地点需要覆盖足够大的人口以进行监测，但是到目前为止尚未报告最小适用人口规模。

针对不同目的，新型冠状病毒的污水监测采取了不同的采样策略，在设计采样时，关键点是定义覆盖区域以及所需的采样频率和步骤。采样频率取决于数据的预期用途，每天进行采样是最理想的方法，但实际上每周对污水进行一次或两次采样，便可提供足够的数据来获取信息以跟踪病毒扩散趋势。特别是当以预警为目的时，大部分学者建议采样频率应至少保持每周一次以上。关于不同用途的采样、测试间隔，以及检测限，仍需要进一步的研究论证。此外，统一不同实验室的采样、测试、数据分析程序和方法，以提高不同实验室之间分析结果的质量和可比性是十分必要的。为此，需要进一步研究测试方法的有效性和可靠性，例如：检测方法的敏感性和特异性、阳性和阴性预测值等。从公共健康决策的角度来看，为检验相关抗疫措施的合理性和有效性，测试结果的可重复性比其准确性更为重要。

污水监测是公共卫生监测不可或缺的一部分，应遵守2017年WHO关于公共卫生监测中伦理问题的准则所规定的道德原则。污水中新型冠状病毒的监测，无须测试个人，而是将一个样本中数百或数千人的信息汇总在一起。但是，在监控社会弱势群体、少数族裔群体、特定环境（例如养老院或学校）中较小社区或区域时，可能会出现伦理道德问题。例如，精确的空间分析和（阳性）样品的地理位置分析，可能会导致受监测人群蒙受污名化风险。因此，此类信息建议不要公开发布，公共卫生部分需要在个人权利与社区利益之间取得平衡。为了确保得到可识别的数据，同时防止受影响社区被污名化，污水调查和公共卫生界的环境科学调查员，需深入理解道德考量和行为守则，有效地将数据传达给相关的目标受众。

8.3 国际组织/机构行动

新冠疫情是世卫组织宣布的第六次"国际关注的突发重大公共卫生事件"。截至目前，疫情已经蔓延全球200多个国家和地区。全球化使公共安全和环境卫生也成为一个全球性问题，日益紧密且广泛的国际贸易与人员流动，也为病毒的传播扩散提供了便利。面对疫情，全世界必须紧密合作，不仅需要各个国家做好内部防控，也需要国际性组织机构统筹和协调跨国合作，充分发挥各国优势，实现更大范围的国际安全。本次疫情，中国及时与国际社会分享病毒基因序列信息、防控措施以及不断更新完善的治疗、应对方案，为全球抗击疫情贡献了智慧和力量。在水系统方面，世卫组织（WHO）和国际水协会（IWA）等核心国际组织，发挥自身优势，指导协助全球疫情防控。此外，一些非政府组织（NGO）与非营利组织（NPO）也纷纷行动，如水研究基金会（WRF）、国际红十字会和无国界医生组织，他们对公共卫生事件给予国际人道救援或倡导相关的全球行动。

国际组织/机构积极发挥信息枢纽的作用，收集和分享各国为应对新冠疫情而采取的科技创新行动信息。这些国家、地区和国际层面的科技创新实例，旨在促进抗疫经验和有效实践的分享，对处在不同疫情阶段的国家给予指导，并为未来可能发生的情况提供经验教训。国际组织/机构采取的举措还向世界各地的研究团体、创新者、企业家和科技创新从业者提供相关信息，使其有机会参与各个国家的科技创新抗疫工作，向政策制定者建言献策，指导和启发政府机构采取新的措施和方案以支持抗疫。

8.3.1 国际组织疫情防控信息共享与技术协作

（1）国际水协（International Water Association，IWA）

国际水协在2020年3月组织成立了新冠疫情应对特别工作组，该工作组由IWA全球理事会成员、斯德哥尔摩水奖获得者Joan Rose教授担任主席，从2021年1月起，Banu Ormeci教授和Sudhir Pillay博士与Joan Rose教授一起成为工作组的联合主席。Joan Rose教授来自美国密歇根州立大学，是微生物与水公共卫生安全方面的权威专家，Banu Ormeci教授来自加拿大卡尔顿大学，Sudhir Pillay博士来自南非水研究基金会，工作组还包括来自国际水协相关专家组，由专家组主席提名的其他代表。该工作组旨在向全球水务行业提供关于病毒研究的最新科学进展，以及其他所需的咨询，以在疫情期间保护从业者及公众的健康。通过在组织间共享应对疫情的经验和成果，工作组希望为处于疫情不同阶段的各国专家提供参考和学习的范例，并希望基于此次抗疫经验，提升供水及污水行业在未来应对潜在危机挑战的能力。相关的资源与信息实时在网站交流更新（链接：https：//iwa-network.org/news/information-resources-on-water-and-covid-19/），并有定期的网络会议邀请领域专家分享最新成果（图8-8）。工作组将关注（但不限于）以下几个方面：水源中病毒的存在情况/水处理过程中病毒的去向和灭活等；通过污水监测评估病毒在社区中的传播等；水回用、污泥回用、环境中悬浮颗粒、气溶胶等公共卫生安全评估；水行业从业人员的健康和安全；与保障水务服务相关的风险分析；积极的用户参与交流机制：提醒公众勤洗手并保持卫生习惯、解决特殊时期供水、水费支付等方面的困难。

图8-8　水行业应对COVID-19疫情网络研讨会[67]

（2）世界卫生组织（World Health Organization，WHO）

2020年3月23日，WHO发布《针对COVID-19病毒的水、环境卫生、个人卫生和废物管理》的临时指导文件，并根据疫情进展与各国应对疫情的经验，于4月25日、7月29日对文件进行了补充[68]。文件详细介绍了与新冠病毒相关的水、环境卫生、个人卫生和废物管理的风险及相应的措施，为各国水系统、环境卫生从业人员提供了操作准则。该文件指出，新冠病毒对供水系统构成的风险较低，无法在水中存活，相较于其他可在水中传播的病毒（如：诺如病毒、腺病毒等），新冠病毒更易被清除/灭活。此外，世卫组织于2020年12月2日在其中文官网上发布了新冠病毒环境监测的常见问答[69]，包括（但不限于）：污水病毒监测的历史、目的与方法等。文件着重强调没有证据表明新冠病毒可以通过尿液、粪便、水传播传染，并说明新冠病毒的饮用水传播风险很低。此外，对于后续疫情防控工作，世卫组织在2021年2月1日发布的临时指导文件中说明，通过病例的流行病学调查确定传染源是发现传播链和常见暴露点的关键，也是确定高风险新冠病毒感染者的有效方法。随着COVID-19疫苗开始在许多国家部署，加强现有接触者追踪和检疫隔离等公共卫生保障措施仍然重要，以阻止新冠病毒的进一步传播。

（3）全球水研究联盟（Global Water Research Coalition，GWRC）

全球水研究联盟（GWRC）在新冠疫情大流行中，持续向公众发布疫情相关的即时信息，以便公共服务和水务行业专业人员掌握新冠病毒在城市水系统中的动向与感染机制。在疫情状况说明文件中，GWRC提出无论是否经过污水处理，迄今为止没有证据表明新冠病毒通过污水系统传播，饮用水中不存在新冠病毒。新冠病毒主要在人与人之间，通过飞沫传播，尽管一些新冠病毒可能会在胃肠道中存活，并通过"粪口"途径或通过吸入受病毒污染的废水飞沫传播，迄今为止，尚无由于"粪口"途径传播而受感染的病例报道。研究表明，新冠病毒无法在污水中长期存活，现有证据都说明在废水系统中仅仅检测到了病毒的非活性核酸片段。因此，常规污水处理从业人员的安全保护方法仍然适用，无须因为新冠病毒做出改变，相关工作人员应按照常规方法进行严格管理，避免介水病原体感染（如：诺如病毒、腺病毒、甲型肝炎病毒、隐孢子虫、贾第鞭毛虫和弯曲杆菌等）[70]。此外，GWRC与澳大利亚水研究中心合作，在美国水研究基金会的支持下，开展ColoSSoS项目（Collaboration on Sewage Surveillance of SARA-CoV-2），将废水中新冠病毒核酸片段的检测与澳大利亚国内新冠感染病例数据相结合，帮助政府确定新冠病毒的发病率与影响因素，为基础卫生设施有限的县城、农村及偏远社区以及高风险社区提供疫情防控的技术支持，以此协助政府展开应对工作和资金援助，并帮助邻国应对COVID-19疫情[71]。

8.3.2 非营利性组织

非营利性组织是国际社会中较为重要的行为体，在推动国际合作、增进各国科技发展与信息交流等方面，具有积极且不可替代的作用。这些组织发挥了国际合作的力量，积极采取措施应对此次疫情，开展相关项目推进关于新型冠状病毒的检测与研究。

国际红十字会（ICRC）：是全世界组织最庞大，最有影响力的慈善救援组织之一。在本次新冠疫情中，ICRC通过款物募集，支持受疫情影响国家开展社区卫生活动、提高社区基础服务普及性、传播公共卫生科学信息、加强相关国家红会能力建设等工作。此外，ICRC还协调派遣专家组去不同国家（如意大利、伊朗等）协助疫情防控工作。

无国界医生组织（MSF）：是一个由各国专业医学人员组成的国际性医疗人道救援组织，是全球最大的独立人道医疗救援组织之一。在本次新冠疫情中，MSF协调各国医疗人员，在意大利、伊拉克、叙利亚、阿富汗等国家支援抗疫工作，包括在当地提供病床及医疗设施、对当地养老院开展诊疗与环境消杀等，提升医疗水平落后国家或地区的疫情防控能力。

水研究基金会（WRF）：是水行业非营利研究合作的重要组织，致力于推动水科学发展以保护环境和公众健康。WRF在此次疫情防控信息共享与技术协作中有着突出贡献，通过对各国相关实验室的研究结果进行汇总，借助对污水大数据的研究分析，比较评估了分析方法和结果的一致性。此外，WRF资助了加利福尼亚大学欧文分校的研究团队，深入研究废水中新型冠状病毒检测和变异的影响因素。

盖茨基金会（BMGF）：由首席执行官马克·苏斯曼和联席主席威廉姆·盖茨共同管理，致力于减少人类在健康与发展领域的不平等。在本次疫情中，BMGF先后提供了约17.5亿美元资金，用于支持全球研究、开发和公平分配应对疫情、挽救生命所需的各类资源。同时，BMGF呼吁各界加强合作、持续创新，为世界带来应对新冠疫情的科学突破。

8.4　小结

因国情不同，发展中国家和发达国家应对疫情的行动也有所差异。部分发展中国家因为没有安全可靠的集中供水，政府为确保疫情期间公众能够得到安全且稳定供给的饮用水，启动了紧急措施，例如为拖欠水费家庭进行重新供水、提供免费供水或免除水费等；而发达国家政府加大了对水环境领域新型冠状病毒的科技投入，例如荷兰、澳大利亚、意大利、西班牙、美国、法国等多国科研人员对污水处理系统进行了重点研究，发现通过污水监测和相关数据解析，能够有效客观地阐述新型冠状病毒的传播状况，实现对疫情的监控和预测。此外，重要国际组织（如WHO、IWA）、非政府组织、非营利组织积极发挥国际交流合作的信息枢纽作用，建设全球一体化的信息共享平台，及时交流分享疫情防控相关的科技成果，为全球共同应对新冠疫情提供了指导和援助。

参考文献

[1] Water, sanitation, hygiene, and waste management for SARS-CoV-2, the virus that causes COVID-19[EB/OL].（2020-07-29）. https：//www.who. int/publications/i/item/WHO-2019-nCoV-IPC-WASH-2020.4.

[2] https：//www.epa.gov/coronavirus/coronavirus-and-drinking-water-andwast ewater?from=singlemessage&isappinstalled=0.

[3] Water and COVID-19[EB/OL].（2020-05-05）. https：//www.rivm.nl/en/

novel-coronavirus-covid-19/water-and-covid-19.

[4] There is no evidence that the coronavirus causing COVID-19 has been transmitted via wastewater（sewage）systems[EB/OL].（2020-04-15）. https：//www.wsaa.asn.au/publication/fact-sheet-covid-19-and-wastewater.

[5] https：//cwwa.ca/covid-19-links-and-resources/#technical.

[6] Gefährdung durch Coronavirus SARS-CoV-2/COVID-19 bei Arbeiten in abwassertechnischen Anlagen[J]. Korrespondenz Abwasser·Abfall，2020.

[7] COVID-19 Rent Assistance and Eviction Moratorium[EB/OL].（2020-09-04）. https：//www.usa.gov/help-with-bills.

[8] Brodmerkel A，Carpenter A，Morley K，Federal financial resources for disaster mitigation and resilience in the U.S. water sector[J]. Utilities Policy，2020，63：101015.

[9] 为应对疫情！西澳政府冻结所有家庭费用[EB/OL].（2020-03-16）. https：//afndaily.com/74439.

[10] 厉害了！这几个国家疫情期间直接给国民发钱！[EB/OL].（2020-03-30）. https：//new.qq.com/rain/a/20200330A0HIZH00.

[11] 财经观察：英国出台政策"组合拳"应对疫情影响[EB/OL].（2020-03-12）. https：//baijiahao.baidu.com/s?id=16609721645217632 34&wfr=spider&for=pc.

[12] 【疫情下看英国】政府"倾其所有"，影响几何？[EB/OL].（2020-04-30）. https：//www.sohu.com/a/392179397_120619233.

[13] Help paying bills using your benefits[EB/OL]. https：//www.gov.uk/bills-benefits.

[14] Canada's COVID-19 Economic Response Plan[EB/OL]. https：//www. canada.ca/en/department-finance/economic-response-plan.html.

[15] 疫情下加拿大超强的国家福利及暖心措施大汇总[EB/OL].（2020-03-21）. https：//www.sohu.com/a/381831152_120154634.

[16] 疫情下日本政府对国民的支援政策[EB/OL].（2020-07-22）. https：// zhuanlan.zhihu.com/p/162788258.

[17] 与新型冠状病毒感染相关的各种政策[EB/OL]. https：//corona.go.jp/ action/.

[18] 扩大的支持措施[EB/OL].（2020-02-12）. https：//nettv.gov-online.go.jp/ prg/prg22145.html.

[19] Antwi S，Getty D，Linnane S，et al. COVID-19 water sector responses in Europe：A scoping review of preliminary governmental interventions[J]. Science of The Total Environment，2020，762（11）.

[20] Waterborne Disease & Outbreak Surveillance Reporting[EB/OL]. https：// www.cdc.gov/coronavirus/2019-ncov/cases-updates/wastewater- surveillance.html.

[21] COVID-19：Electrostatic Sprayers and Foggers for Disinfectant Application[EB/OL].（2021-07-15）. https：//www.epa.gov/healthresearch/ research-covid-19-environment.

[22] Extreme water use patterns and their impact on the microbial and chemical ecology of drinking water[EB/OL].（2020-05-14）. https：//www.nsf.gov/ awardsearch/showAward?AWD_ID=2029850&HistoricalAwards=false.

[23] Impact of CoVID-19 Stay-at-Home Orders on urban stream quality in Denver Metro Area with application for future urban living scenarios[EB/OL].（2020-05-08）. https：//www.nsf.gov/awardsearch/ showAward?AWD_ID=2031614&HistoricalAwards=false.

[24] Determination of health risks and Status from SARS-CoV-2 Presence in Urban Water cycle[EB/OL].（2020-05-14）. https：//www.nsf.gov/ awardsearch/showAward?AWD_ID=2029515&HistoricalAwards=false.

[25] Determine Community Disease Burden of COVID-19 by Probing Wastewater Microbiome[EB/OL].（2020-04-23）. https：//www.nsf.gov/ awardsearch/showAward?AWD_ID=2027059&HistoricalAwards=false.

[26] Wastewater Surveillance of SARS-CoV-2[EB/OL].（2020-07-15）. https：// www.nsf.gov/awardsearch/showAward?AWD_ID=2038087&HistoricalA wards=false.

[27] COVID-19 Community of Interest[EB/OL]. https：//www.waterra.com.au/ research/communities-of-interest/covid-19/.

[28] JRC study to track Covid-19 in waste water[EB/OL].（2020-07-09）. https：//www.eureau.org/resources/news/465-jrc-study-to-track-covid-19-

in-waste-water.

[29] https : //researchnews.ntu.edu.sg/2020/09/09/wastewater-based-epidemiology-and-surveillance-of-covid-19/.

[30] NEA Leads Scientific Team In Wastewater Surveillance Trials For Assessment Of COVID-19 Transmission[EB/OL].（2020-06-19）. https : //www.nea.gov.sg/media/news/news/index/nea-leads-scientific-team-in-wastewater-surveillance-trials-for-assessment-of-covid-19-transmission.

[31] Nationwide Covid-19 sewage water surveillance system now in place[EB/OL].（2020-09-21）. https : //www.dutchwatersector.com/news/nationwide-covid-19-sewage-water-surveillance-system-now-in-place.

[32] Corona Monitoring in German Wastewater[EB/OL].（2020-06-19）. https : //www.marketsgermany.com/corona-monitoring-in-german-wastewater/.

[33] MONITORAMENTO AMBIENTAL DE SARS-CoV-2[EB/OL]. https : //cevs-admin.rs.gov.br/upload/arquivos/202009/21115806-boletim-informativo-n-2-final.pdf.

[34] The water research commission launch a programme to monitor the spread of Covid-19 in communities using a water and sanitation-based approach[EB/OL]. http : //www.waterjpi.eu/images/newsletter/wrc-covid-19-surveillance-programme-article-final-2-june-2020.pdf.

[35] Thompson J, Nancharaiah Y, Gu X, et al. Making Waves : Wastewater surveillance of SARS-CoV-2 for population-based health management[J]. Water Research, 2020 : 116181.

[36] Ahmed W, Angel N, Edson J, et al. First confirmed detection of SARS-CoV-2 in untreated wastewater in Australia : A proof of concept for the wastewater surveillance of COVID-19 in the community[J]. Science of The Total Environment, 2020 : 138764.

[37] Serranodaniela, A., & Torres, G.（2020）. Latin America moving fast to ensure water services during COVID-19. World Bank Blog.

[38] Sanitation and Water for All.（2020）. Live : Country experiences on COVID-19 and WASH-Ghana : WASH action plan on COVID-19 pandemic.

[39] Amankwaa G, Edward F. COVID-19 'free water' initiatives in the Global

South: what does the Ghanaian case mean for equitable and sustainable water services？ Water International, 2020, 45(7-8): 722-729.

[40] Medema G, Heijnen L, Elsinga G, et al. Presence of SARS-Coronavirus-2 RNA in sewage and correlation with reported COVID-19 prevalence in the early stage of the epidemic in the Netherlands[J]. Environmental Science and Technology Letters, 2020, 7(7): 511-516.

[41] Ahmed W, Harwood V, Gyawali P, et al. Comparison of concentration methods for quantitative detection of sewage-associated viral markers in environmental waters[J]. 2015, 81(6): 2042-2049.

[42] La Rosa G, Iaconelli M, Mancini P, et al. First Detection of SARS-Cov-2 in untreated wastewaters in Italy[J]. Science of the Total Environment, 2020, 736: 139652.

[43] Nemudryi A, Nemudraia A, Wiegand T, et al. Temporal detection and phylogenetic assessment of Sars-Cov-2 in municipal wastewater[J]. Cell Reports Medicine, 2020: 100098.

[44] Wu F Q, Zhang J B, Xiao A, et al. SARS-Cov-2 titers in wastewater are higher than expected from clinically confirmed cases[J]. Msystems, 2020, 5(4).

[45] World Health Organization. Status of Environmental Surveillance for SARS-Cov-2 Virus, Scientific Brief[EB/OL]. (2020-08-05). https://Apps.Who.Int/Iris/Bitstream/Handle/10665/333670/Who-2019-Ncov-Sci_Brief-Environmentalsampling-2020.1-Eng.Pdf.

[46] Gibney E. How sewage could reveal true scale of coronavirus outbreak[J]. Nature, 2020, 580(7802): 176-177.

[47] Xiao F, Tang M, Zheng X, et al. Evidence for gastrointestinal infection of SARS-Cov-2[J]. Gastroenterology, 2020, 158(6): 1831-1833.

[48] Leung W, To K, Chan P, et al. Enteric involvement of Severe Acute Respiratory Syndrome-Associated Coronavirus Infection[J]. Gastroenterology, 2003, 125(4): 1011-1017.

[49] Zumla A, Hui D, Perlman S. Middle East respiratory syndrome[J]. Lancet, 2015, 386(9997): 995-1007.

[50] Gu J, Han B, Wang J. Covid-19: Gastrointestinal manifestations and potential fecal-oral transmission[J]. Gastroenterology, 2020, 158(6): 1518-1519.

[51] Sewer Surveillance Part of Dutch National Covid-19 Dashboard[EB/OL]. https://www.dutchwatersector.com/news/sewer-surveillance-part-of-dutch-national-covid-19-dashboard.

[52] Sewage could hold the key to stopping new coronavirus outbreaks[EB/OL]. https://edition.cnn.com/2020/06/01/europe/germany-sewage-coronavirus-detection-intl/index.html.

[53] Deere D, Sobsey M, Sinclair M, Hill K, White P. Historical Context and Initial Expectations on Sewage Surveillance to Inform the Control of Covid-19. Healthstream, Water Research Australia[EB/OL]. https://www.Waterra.Com.Au/_R9779/Media/System/Attrib/File/2272/Healthstream_Newsletter-97_Final.Pdf. Accessed 29 June 2020.

[54] 14 June-Summary of Preliminary Results from Wastewater Analysis for Tracing SARS-CoV-2[EB/OL]. https://www.kth.se/water/research/covid-19-research/14-june-summary-of-preliminary-results-from-wastewater-analysis-for-tracing-sars-cov-2-1.1083366.

[55] Guan W J, Ni Z Y, Hu Y, et al. Clinical characteristics of coronavirus disease 2019 in China[J]. New England Journal of Medicine, 2020, 382(18): 1708-1720.

[56] Huang C, Wang Y, Li X, et al. Clinical features of patients infected with 2019 novel coronavirus in Wuhan, China[J]. Lancet, 2020, 395(10223): 497-506.

[57] Chen Wang P W H, Frederick G H, George G. A novel coronavirus outbreak of global health concern [J]. Lancet, 2020, 395(10223): 470-473.

[58] Prevost B, Lucas F S, Ambert-Balay K, et al. Deciphering the diversities of astroviruses and noroviruses in wastewater treatment plant effluents by a high-throughput sequencing method[J]. Applied and Environmental Microbiology, 2015, 81(20): 7215-7222.

[59] Kazama S, Miura T, Masago Y, et al. Environmental surveillance

of norovirus genogroups I and Ii for sensitive detection of epidemic variants[J]. Applied and Environmental Microbiology, 2017, 83（9）: AEM.03406-16.

[60] Q&A on COVID-19 Sewage Surveillance[EB/OL]. https://www. kwrwater.nl/en/frequently-asked-questions-covid-19/.

[61] DEMOS©: Digital Epidemic Observatory and Management System©-KWR[EB/OL]. https://www.kwrwater.nl/actueel/demos-digital-epidemic-observatory-and-management-system/?highlight=demos.

[62] 图解：病毒溯源扑朔迷离多国疫情时间线大幅提前_央广网[EB/OL]. http://news.cnr.cn/native/gd/20200716/t20200716_525170676.shtml.

[63] Larsen, D. A. & Wigginton, K. R. Tracking COVID-19 with wastewater[J]. Nature Biotechnology, 2020, 38:1151-1153.

[64] Schmidt, C. Watcher in the wastewater[J]. Nature biotechnology, 2020, 38:917-920.

[65] Donia, A., Hassan, S.-U., Zhang, X., Al-Madboly, L. & Bokhari, H. COVID-19 crisis creates opportunity towards global monitoring & surveillance[J]. Pathogens, 2021, 10: 256.

[66] Smith, T., Cassell, G. & Bhatnagar, A. Wastewater surveillance can have a second act in COVID-19 vaccine distribution[J]. JAMA Health Forum, 2021, 2: e201616.

[67] COVID-19: A Water Professional's Perspective[EB/OL].https://iwa-network.org/learn/covid-19-a-water-professionals-perspective/.

[68] WHO. Water, sanitation, hygiene, and waste management for SARS-CoV-2, the virus that causes COVID-19[R]. 2020.

[69] Contact tracing in the context of COVID-19: interim guidance[EB/OL]. （2021-02-01）. https://apps.who.int/iris/handle/10665/339128.

[70] GWRC. COVID-19 Virus: Water, Sanitation and Wastewater Management[R]. 2020.

[71] COVID-19 Community of Interest[EB/OL]. https://www.waterra.com.au/research/communities-of-interest/covid-19/.

第9章　启示与建议

　　城市水系统基础设施的建设发展过程，也是人类社会伴随着重大公共卫生安全事件的发生而不断完善的过程。新冠疫情再次让政府和公众看到了供水安全、污水处理等城市水系统基础设施在应对突发性公共卫生事件中的重要性。从疫情控制看，公共卫生管理与生态环境管理都具有一定的突发性与持续性，公众对两者的需求都是越来越高。因此，总结城市水系统存在的问题，并逐步完善和提高城市水系统的安全性与可靠度，对于应对今后可能面临的公共卫生安全事件具有重大意义。而且，《中华人民共和国生物安全法》（2021年4月）的颁布实施，也为推动环境质量改善、生态风险防控和公共卫生安全多过程协同指明了方向。

9.1　环境生物安全研究的着力点

　　疫情期间，我们识别了环境介质中病毒传播的规律与关键风险节点，也基本理清了疫情聚集区病毒传播与复杂环境介质之间的关系；基本探明了气、水、固环境介质病毒消杀与风险防控技术要点，并开发出一系列有效阻断病毒传播风险的实用技术与装备；同时，初步查明了防疫化学品次生环境风险水平，提出了有针对性的防疫化学品次生环境风险和防控技术策略。未来，水环境/水生态生物安全的研究，建议重点关注认知、建库、溯源、阻控等方面。

9.1.1 快速精准的检测方法和介水病原微生物数据库

（1）精准认知

世界上到底有多少病原微生物正感染或将影响着人类，仍然知之甚少。精准、快速和安全地检测/监测环境介质中的典型病原微生物（不限于新冠病毒），是后疫情时代水环境研究面临的首要问题。

（2）病原微生物建库

目前，世界各国尚未建立介水病原微生物数据库。除流感病毒、肠道病毒、诺如病毒等少数病毒在医院污水中的检出情况及浓度的研究数据，其他检出病毒在污水中的存在特性、感染活性以及潜在感染风险未见报道。因此，亟须对环境病原微生物进行调查分析及建库研究。尤其是针对医院污水中常见、易感且危险性较强的病毒进行全面监测，构建具有一定规模的致病病毒数据库，指导安全处理和应急管理。而且，针对水环境水生态保护，在考虑常规化学污染物的同时，建议增加病原微生物指标。

（3）进一步探究致病微生物在城市水系统中的存活与迁移规律

当前，针对致病微生物在城市水系统中存活与迁移规律的研究仍然较少。不同致病微生物的有效灭活手段仍较匮乏，特别是在疫情暴发的应急条件下，需要采用消毒效率高、副作用小、运行稳定可靠的消毒技术体系。因此，有必要强化致病微生物在城市水系统中的科学探索和应用研究，为环境生物安全提供理论支持。

9.1.2 全球尺度、多学科和多国合作溯源

由于人类活动范围非常广泛，跨区域或跨国活动非常频繁，目前还很难确定新型冠状病毒的最初来源地，新型冠状病毒可能来源于地球上任何人类所接近的动物栖息地或栖息地环境显著改变地区。另一方面，也说明溯源工作任重道远，实施难度大、周期长、复杂程度高，需要在全球尺度上开展溯源研究，更需要多学科和多国家合作。溯源不仅需要研究传统的化学污染因素，还需要环境学、生态学、生物学、化学、植物学、动物学等多学科交叉合作；在研究过程中实现微观、中观和宏观的综合，形成规律揭示和数据建库的研究方法，对现象、机理、过程进行一体化的深入探讨。

9.1.3 病原微生物阻控新原理和新技术体系构建

（1）病原微生物预防与阻控新原理、新途径

建议通过对环境介质中病原微生物（不限于新型冠状病毒）的风险评估、传播控制与高效灭活，研究保障生物安全的原理和新方法，同时重视城市水系统中的植物病毒。由于植物病毒不构成对人畜的危害，长期以来对其在水环境中的存在及其对农业生产的危害并没有引起足够的重视，在国内鲜有研究。事实上，植物病毒在水环境中的数量可能相当高，对农业生产有重大的潜在危险性。在自然条件下，动物或人类的吞咽作用，加之植物病毒的高稳定性，在动物的消化道中可能未被灭活，也可能被远距离传播。人类的活动如灌溉、施用液态人粪尿、消费生蔬菜和水果、农业废物堆肥和园艺废品等均可能促进这类病毒的传播，造

成水体环境中的植物病毒对农业生产的潜在威胁。

（2）安全可靠的绿色消毒阻控技术体系

针对医院污水，建议优化含氯消毒剂的消毒工艺，如多种消毒剂协同消毒、精准投加消毒剂量与投加位点、方式等；发展非传统消毒剂技术，如投加非氯消毒剂（臭氧、过硫酸盐、过氧乙酸）或催化消毒技术，利用电场、微波、超声等物理作用实现污水中病原微生物的靶向灭活等。针对城镇污水处理厂出水余氯及其次生产物在水环境中的浓度水平及迁移转化规律，及其对受纳水体生态环境的影响尚不明确的现状，有必要进一步研究明确消毒副产物浓度、环境赋存时间和形态等对于受纳水体生态环境的影响，并研究建立尾水消毒效率高、副作用小、运行稳定可靠的消毒技术体系。

（3）从生态屏障角度思考全球大流行疫情的预防策略

全球大流行疫情的发生，也启示我们从生态学角度深刻认识人与自然和谐共生的内涵，客观审视人类活动对物种栖息地的强烈干预，从而积极保护和恢复物种的栖息地，构建保护物种生存和发展的生态屏障，降低新冠等疫情发生的概率。近期发表在《Engineering》杂志的观点文章《Natural Host-Environmental Media-Human: A New Potential Pathway of COVID-19 Outbreak》，从生态学角度提出了人类活动与疫情暴发之间的联系，指出人类活动显著破坏生态屏障可能导致新型未知病毒进入人群概率的提升。此外，还从统计学角度揭示了自然环境破坏与疫情大暴发之间的联系，指出"在11例最先报道的人类感染埃博拉病毒案例中，有8例发生在森林被高度破坏的地区"。因此，"不仅要查明病毒的来源，而且要从根本上保护物种的生存和发展。积极保护和恢复物种的栖息地，并作为预防再次发生大流行病的关键战略"。

9.2 环保产业发展的转型升级契机

短期内，新冠疫情的确对环保产业的发展造成了一定影响。但是，从长远看也是我国产业转型升级的一次重要契机，为行业发展方向的调整提供了机遇，为供应链和产业链整合提供了时机，也为环保产业数字化转型提供了新的动力。

（1）完善供应链，强化产业链，扩充价值链

环保产业是我国环境攻坚的重要基础。疫情之下，无论从缓解资源环境压力与环保产业自身发展角度分析，还是从推动经济转型升级、发掘经济增长新动能方面考虑，环保产业的韧性都需要提升。一方面，需要完善供应链体系，构建以行业龙头企业牵引的产业布局，从采购到最后满足终端客户的全过程，提升供应链系统在灾害情况的韧性。另一方面，需要强化产业链系统性，在水环境综合治理领域，切断新冠肺炎病毒乃至于未来其他病原体的传播，打造"供排一体化、城乡一体化、厂网一体化"的新型"大水务平台"，以系统化的产业链，打破供排水、地区间、厂网间各自为政的治理模式。进而，通过环保产业链互联互通、协同协作，优化产业生态体系，使资源高效配置，提升环保产业整体竞争力，使环保产业成为经济社会价值链中重要的一环，助力构建双循环相互促进的新发展模式。

（2）环保产业数字化转型势在必行

"十三五"期间，环境治理和管理精细化水平在不断提升，但距离标准化和智慧化管理仍有一定差距。疫情发生以来，各种层面包括水环境与水生态管理新需求的倒逼，使政府、企业更有意愿和动力开展数字化转型，更加凸显自动化运行、远程监控、

线上服务、智慧运营的重要性。因此，疫情之后数字化转型将成为环保产业的"必选项"，有助于拓展新的产业发展空间，牵引产业结构重塑和生态转型升级，整体促进环保产业和社会的转型发展。

企业数字化转型的速度受产业特点和资金状况等因素影响，会呈现较大差异。当前支撑环保产业全面数字化发展的技术、产业和基础设施尚未完全成熟，未来十到二十年，数字化需求和供给之间的互动、升级将成为数字化发展的主旋律。建议政府出台具体政策加强对智慧技术研发、智慧水厂建设、智慧水务运营产品开发应用的资金支持和鼓励扶持力度，加快实现城市水系统的智慧管理。

9.3 完善环境应急管理体系以提升突发公共卫生安全事件的应对能力

环境应急的技术、设施和管理是具有独立性和系统的关联性，是国家公共事件应急管理体系的重要组成部分。因此，从信息、物质、设施、组织等方面全面构建与国家卫生管理体系密切融合的环境应急管理体系势在必行。

（1）进一步完善国家的公共卫生体系，把生态环境因素纳入体系当中

生态破坏和环境变化可能是导致疫情发生的重要因素。一些重大疫情的发生和生态环境变化存在着某种必然的联系。高度重视和重新审视环境生物安全举措尤为重要。

（2）环境应急管理体系是国家应急管理体系的重要部分，建议构建平战结合、平灾结合的管理模式

作为疫情防控的重要关口，保障环境应急处理设施设备及时到位、安全运行，是有效防范病毒扩散、遏制二次污染的重要工作。建议将环境应急装备纳入应急物资保障体系，加强统筹规划，完善环保应急物资管理体系。

（3）健全应急医院风险管控体系

建议在城市规划中考虑突发疫情下应急医院的建设，预留部分空间，包括应急医院所需电力、自来水、污水处理、固体废弃物处理等基础设施及管网等隐蔽工程；改造和新建可以作为"方舱医院"的公共建筑（如体育馆、会展设施），预留应急使用电力、上下水、卫生间接口，保证建筑内通过性（无障碍设施）、照度、空调通风及负压调节等，同时也要考虑地面的临时停车面积；对于疫情结束后需要拆除的应急医院，评估可保留的设备设施，尤其是基础设施，以便在下次疫情来临时重复使用。

（4）完善应急供排水相关法律法规

加强应急供排水队伍建设，提高管理人员的水平，建立从业人员培养、准入、待遇保障、考核评价和激励机制。建立疫情背景下供排水部门与健康卫生、环保、水利等部门的协作机制，健全统一高效的应急物资保障体系，做到集中管理、统一调拨、平战结合、采储结合。

（5）加强重大疫情应急预案和应急能力建设

应急预案涵盖从政府到供排水企业等多个层面，如标准和体系的适用性、集中式和分散式基础设施的管理应急能力的全面提升。疫情背景下，供排水应急预案体系特别需要包含应对特别重大突发公共卫生事件的内容，增强相关应急预案的可操作性和针对性。应急预案建设重点围绕疫情传播引发的生产中断和水质风险的应急防范与处置，并考虑员工严重缺员、设备设施无法及时检修、生产原料供应不及时等方面的风险。加强应急演练，定期演练并检查水处理应急设施、水质监测和预警系统、专家辅助决策系统、物资保障系统、人员防护系统的长期制度化和贯彻落实等，强化水厂运行和管理人员的风险意识，发现可能存在的问题并加以改进。